"十二五"职业教育国家规划教材
经全国职业教育教材审定委员会审定

高等职业教育建筑工程技术专业系列教材

总主编 /李　辉
执行总主编 /吴明军

屋面与防水工程施工

（第2版）

主　编　曹　磊　赵淑萍
主　审　王付全
参　编　孙玉龙　侯根然
　　　　冯　屾

U0347611

重庆大学出版社

内 容 提 要

本书是"高等职业教育建筑工程技术专业系列教材"之一,按照防水施工过程从简单到复杂的特点和由易到难的知识认知规律,将国家现行标准、规范、规程融入其中编写而成。本书共分四个学习项目,包括屋面防水工程施工项目、厕浴间防水工程施工项目、地下防水工程施工项目、外墙防水工程施工项目。每个学习项目后面都有能力训练实训课题和评价方法,方便教师教学和学生的实训练习,突出了"做中教,做中学"的高等职业教育特色。对于难以理解的内容,用图示方法予以表达,直观易懂。

本书可作为高等职业教育土建类建筑工程技术、工程造价、工程监理等专业的教学用书,也可作为相关专业及岗位培训的教材或学习参考。

图书在版编目(CIP)数据

屋面与防水工程施工/曹磊,赵淑萍主编. --2 版
.--重庆:重庆大学出版社,2019.3
高等职业教育建筑工程技术专业系列教材
ISBN 978-7-5689-1451-2

Ⅰ.①屋… Ⅱ.①曹… ②赵… Ⅲ.①屋顶—建筑防水—工程施工—高等职业教育—教材 Ⅳ.①TU761.1

中国版本图书馆 CIP 数据核字(2019)第 001077 号

高等职业教育建筑工程技术专业系列教材
屋面与防水工程施工
(第 2 版)
主 编 曹 磊 赵淑萍
主 审 王付全
策划编辑:范青春 刘颖果
责任编辑:王 婷 版式设计:王 婷
责任校对:邬小梅 责任印制:张 策

*

重庆大学出版社出版发行
出版人:易树平
社址:重庆市沙坪坝区大学城西路 21 号
邮编:401331
电话:(023) 88617190 88617185(中小学)
传真:(023) 88617186 88617166
网址:http://www.cqup.com.cn
邮箱:fxk@cqup.com.cn(营销中心)
全国新华书店经销
重庆升光电力印务有限公司印刷

*

开本:787mm×1092mm 1/16 印张:12 字数:286千
2019 年 3 月第 2 版 2019 年 3 月第 3 次印刷
印数:6 001—9 000
ISBN 978-7-5689-1451-2 定价:29.00 元

编委会名单

序　言

进入 21 世纪,高等职业教育建筑工程技术专业办学在全国呈现出点多面广的格局。截止到 2013 年,我国已有 600 多所院校开设了高职建筑工程技术专业,在校生达到 28 万余人。如何培养面向企业、面向社会的建筑工程技术技能型人才,是广大建筑工程技术专业教育工作者一直在思考的问题。建筑工程技术专业作为教育部、住房和城乡建设部确定的国家技能型紧缺人才培养专业,也被许多示范高职院校选为探索构建"工作过程系统化的行动导向教学模式"课程体系建设的专业,这些都促进了该专业的教学改革和发展,其教育背景以及理念都发生了很大变化。

为了满足建筑工程技术专业职业教育改革和发展的需要,重庆大学出版社在历经多年深入高职高专院校调研基础上,组织编写了这套"高等职业教育建筑工程技术专业规划教材"。该系列教材由住房和城乡建设职业教育教学指导委员会副主任委员吴泽教授担任顾问,四川建筑职业技术学院李辉教授、吴明军教授分别担任总主编和执行总主编,以国家级示范高职院校或建筑工程技术专业为国家级特色专业、省级特色专业的院校为编著主体,全国共 20 多所高职高专院校建筑工程技术专业骨干教师参与完成,极大地保障了教材的品质。

系列教材精心设计该专业课程体系,共包含两大模块:通用的"公共模块"和各具特色的"体系方向模块"。公共模块包含专业基础课程、公共专业课程、实训课程三个小模块;体系方向模块包括传统体系专业课程、教改体系专业课程两个小模块。各院校可根据自身教改和教学条件实际情况,选择组合各具特色的教学体系,即传统教学体系(公共模块+传统体系专业课)和教改教学体系(公共模块+教改体系专业课)。

本系列教材在编写过程中,力求突出以下特色:

(1)依据《高等职业学校专业教学标准(试行)》中"高等职业学校建筑工程技术专业教学标准"和"实训导则"编写,紧贴当前高职教育的教学改革要求。

（2）教材编写以项目教学为主导，以职业能力培养为核心，适应高等职业教育教学改革的发展方向。

（3）教改教材的编写以实际工程项目或专门设计的教学项目为载体展开，突出"职业工作的真实过程和职业能力的形成过程"，强调"理实"一体化。

（4）实训教材的编写突出职业教育实践性操作技能训练，强化本专业的基本技能的实训力度，培养职业岗位需求的实际操作能力，为停课进行的实训专周教学服务。

（5）每本教材都有企业专家参与大纲审定、教材编写以及审稿等工作，确保教学内容更贴近建筑工程实际。

我们相信，本系列教材的出版将为高等职业教育建筑工程技术专业的教学改革和健康发展起到积极的促进作用！

2013 年 9 月

第2版前言

本书第一版是"十二五"高等职业教育国家规划教材,以国家现行标准、规范、规程为依据,在教材内容上充分体现了先进性,且在编写项目化教材内容时,将国家现行标准、规范、规程融入其中,使国家标准、规范、规程的贯彻执行落到实处,维护了其严肃性、权威性。

本书是以培养学生职业能力为主的项目化教材。全书按照专业教学标准要求,结合生产过程和典型工作任务,合理设置课程及安排教学内容,突破学科化体系框架,构建以培养学生职业能力为主线的课程体系,强化专业课程的实践性和职业性。本次修订以习近平新时代中国特色社会主义思想为指导,在第一版的基础之上加强了实践教学环节内容,以促进学生的全面发展;并根据近几年国家相关标准、规范、规程的更新,对教材相应部分内容进行调整和完善。同时,对四个教学项目中的施工工艺、施工要点、施工安全和质量标准等相关内容也进行了调整和完善,反映了经济社会发展和施工技术进步的新成果。

本书改变了以往传统教材理论逻辑关系平铺直叙的呈现形式,采用了更加注重能力培养的项目化形式,以学生为主体,突出"做中教,做中学"的高等职业教育特色;以具体的施工项目为载体,适应"边讲边练"和教、学、做"一体化"的教学模式,促进学生知识与技能相结合、理论与实践相统一,使学生通过动手实验、讨论和训练等活动掌握相关的施工工艺、质量标准;同时渗透方法能力和职业道德等的培养,使学生牢固树立施工安全意识,牢记施工中必须遵守规范和按图施工等。

本书根据高职学生的特点和工作岗位需要进行编写,教材中选取的例题、案例等贴近生活和工程实际情况,密切联系工程实际,能更好地激发学生的学习兴趣。例如,教材中的例题、案例是要求学生具体参与的,通过画图、动手制作、利用网络资源查找有关资料、到实训场馆进行现场实地测量等,使理论与工程实际紧密结合在一起。

本书由曹磊、赵淑萍担任主编,由王付全教授主审,书稿完成后由曹磊进行统稿。参编人员有侯根然、孙玉龙、冯屾、胡畔。项目 1 屋面防水工程施工及第 2 版按国家相关标准、规范、规程更新的内容由曹磊编写;项目 2 中厕浴间节点防水施工部分由孙玉龙编写;项目 3 地下防水工程施工由侯根然编写;项目 4 外墙防水工程施工及各项目的项目导读、教学目标和项目小结等由赵淑萍编写;项目 1、2 中防水构造内容部分由冯屾编写;项目 2 中厕浴间楼地面防水层施工部分,项目 3 中地下工程涂膜防水施工部分,以及各项目的能力训练课题及各项目中的施工工艺、施工要点、施工安全和质量标准等由胡畔编写。

由于编者水平有限,编写时间仓促,疏漏之处在所难免,肯请广大读者批评指正。

编　者

2018 年 10 月

前　言

　　本书是"高等职业教育建筑工程技术专业系列教材"之一,以国家现行标准、规范、规程为依据,在内容上体现了先进性。在编写项目式教材内容时,将国家现行标准、规范、规程融入其中,使国家标准、规范、规程的贯彻执行落到实处。

　　本书是以培养学生职业能力为主的项目式教材,按照专业教学标准要求,结合生产过程和典型工作任务,合理设置课程、安排教学内容;突破学科化体系框架,构建以培养学生职业能力为主线的课程体系,强化专业课程的实践性和职业性;同时加强了实践教学环节内容,一改以往教材按理论逻辑关系平铺直叙的呈现形式,而采用项目式形式,以学生为主体,突出"做中教,做中学"的高等职业教育特色,以具体的施工项目为载体,"边讲边练","教、学、做一体化"教学模式,促进知识与技能相结合、理论与实践相统一,做到在教师引导下,使学生通过动手试验、讨论和训练等活动掌握施工工艺、质量标准,牢固树立施工安全意识,牢记施工中必须遵守规范、按图施工等,同时渗透方法能力和职业道德等的培养。

　　根据高职学生的特点和工作岗位需要,教材中选取的例题、案例等贴近生活和工程实际情况,激发学生兴趣,密切联系工程实际,既动手又动脑。例如,教材中的例题、案例都要求学生具体参与,通过画图、动手制作、利用网络资源查找有关资料、到实训场进行现场实地测量尺寸等,使理论与工程实际紧密联系。同时,为了满足多媒体教学需要,本教材将配套开发教学PPT、延伸阅读资料等数字资源,供教师免费下载(网址:http://www.cqup.com.cn/edusrcl)。

　　本书由赵淑萍担任主编并统稿,由王付全教授担任主审。屋面防水工程施工项目中的卷材子项,外墙防水工程施工项目,以及各项目的实训课题,各项目的项目导读、教学目标和项目小结,项目3、4中防水构造内容等由赵淑萍编写,屋面防水工程施工项目中的涂膜、细石混凝土保护层子项由曹磊编写,厕浴间防水工程施工项目由孙玉龙编写,地下防水工程施工项目由侯根然编写,冯屾编写了项目1、2中的部分防水构造内容。

　　由于编者水平有限,编写时间仓促,疏漏之处在所难免,肯请广大读者批评指正。

编　者

2013 年 12 月

目　录

项目 1
屋面防水工程施工

项目导读

- **基本要求**　通过本项目的学习,熟悉屋面防水工程的细部构造及防水材料的选用;能够对进场的防水材料进行检验;能够编制屋面防水工程防水施工方案;能够组织屋面防水工程施工,进行屋面防水工程的施工质量控制和验收,并能够组织安全施工。
- **重点**　屋面防水工程的施工质量控制;屋面防水工程的质量验收。
- **难点**　屋面防水工程的施工质量控制。

屋面是建筑物最上层的外围护构件,用于抵抗自然界的雨、雪、风、霜、太阳辐射、气温变化等不利因素的影响,保证建筑内部良好的使用环境。屋面应满足坚固耐久、防水、保温、隔热、防火和抵御各种不良影响的功能要求。屋面防水工程的质量直接影响房屋建筑功能和使用寿命,关系到人们生活和生产能否正常进行。

屋面防水工程应根据建筑物的类别、重要程度、使用功能要求来确定防水等级,并应按相应等级进行防水设防;对防水有特殊要求的建筑屋面,应进行专项防水设计。屋面防水等级和设防要求应符合表 1.1 的规定。

表 1.1　屋面防水等级和设防要求

防水等级	建筑类别	设防要求	合理使用年限
Ⅰ级	重要建筑和高层建筑	两道防水设防	20 年
Ⅱ级	一般建筑	一道防水设防	10 年

不得作为屋面的一道防水设防的做法有以下几种情况:

- 混凝土结构层;
- Ⅰ型喷涂硬泡聚氨酯保温层;
- 装饰瓦及不搭接瓦;
- 隔汽层;
- 细石混凝土层;
- 卷材或涂膜厚度不符合规范规定的防水层。

屋面工程应根据建筑物的防水等级、耐久年限、气候条件、结构形式,并结合工程实际情况遵循"防排并举、刚柔结合、嵌涂合一、复合防水、多道设防"的方针,来确定防水方案。屋面工程施工应遵照"按图施工、材料检验、工序检查、过程控制、质量验收"的原则。屋面防水工程要求有相应资质等级证书的防水专业队伍进行施工,施工人员应持证上岗。施工时应按施工工序、层次进行质量的自检、自查、自纠,并且做好施工记录,监理单位应做好每步工序的验收工作,验收合格后方可进行下道工序、层次的作业。

子项 1.1　卷材防水屋面施工

1.1.1　导入案例

工程概况:某公司框架结构办公楼,总高度为 10.6 m ,底层层高为 4 m,第二、三层层高为 3.3 m。有组织排水,单坡不上人平屋面。屋面做法:两层 3 mm 厚 SBS 改性沥青卷材,面层卷材表面带绿色页岩保护层;刷基层处理剂一遍;20 mm 厚 1∶2.5 水泥砂浆找平层,20 mm 厚(最薄处)水泥珍珠岩找 2% 坡,150 mm 厚水泥珍珠岩,钢筋混凝土屋面板,表面清扫干净。屋顶平面图见图 1.1。

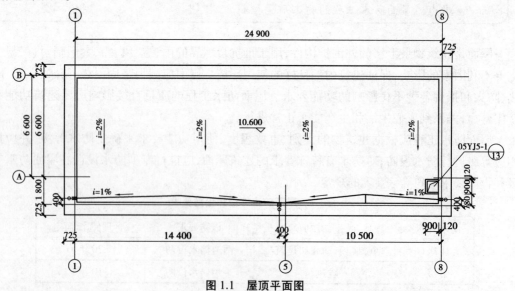

图 1.1　屋顶平面图

本工程主体工程施工完毕,施工现场满足屋面防水工程施工要求。图纸已通过会审,已编制了屋面工程防水施工方案。防水材料:高聚物改性沥青防水卷材及辅助材料等。施工机具准备:防水施工用加热工具(如喷灯)、压实卷材的工具(如压辊)、工作面清扫工具等已准备就绪。现场条件:预埋件和伸出屋面管道、设施已安装完毕,牢固,找平层排水坡度符合设计要求,强度、表面平整度符合规范规定,转角处抹成了圆弧形;施工负责人已向班组进行技术交底;现场专业技术人员、质检员、安全员、防水工等已准备就绪。

1.1.2 本子项教学目标

1) 知识目标

了解卷材防水屋面防水材料的品种和质量要求;熟悉卷材防水屋面的构造层次和细部构造;掌握常用卷材防水屋面的施工工艺。

2) 能力目标

能够确定屋面卷材防水材料;能够编制屋面卷材防水工程的施工方案;能够进行屋面卷材防水工程施工;能够进行屋面卷材防水工程施工质量控制与验收;能够组织屋面卷材防水安全施工;能够对进场材料进行质量检验。

3) 品德素质目标

具有良好的政治素质和职业道德;具有良好的工作态度和责任心;具有良好的团队合作能力;具有组织、协调和沟通能力;具有较强的语言和书面表达能力;具有查找资料、获取信息的能力;具有开拓精神和创新意识。

1.1.3 卷材防水屋面构造

屋面的基本构造层次宜符合表 1.2 的要求。

表 1.2 屋面的基本构造层次

屋面类型	基本构造层次(自上而下)
卷材、涂膜屋面	保护层、隔离层、防水层、找平层、保温层、找平层、找坡层、结构层
	保护层、保温层、防水层、找平层、找坡层、结构层
	种植隔离层、保护层、耐根穿刺防水层、防水层、找平层、保温层、找平层、找坡层、结构层
	架空隔热层、防水层、找平层、保温层、找平层、找坡层、结构层
	蓄水隔热层、隔离层、防水层、找平层、保温层、找平层、找坡层、结构层
瓦屋面	块瓦、挂瓦条、顺水条、持钉层、防水层或防水垫层、保温层、结构层
	沥青瓦、持钉层、防水层或防水垫层、保温层、结构层
金属板屋面	压型金属板、防水垫层、保温层、承托网、支承结构
	上层压型金属板、防水垫层、保温层、底层压型金属板、支承结构
	金属面绝热夹芯板、支承结构
玻璃采光顶	玻璃面板、金属框架、支承结构
	玻璃面板、点支承装置、支承结构

1)檐口

卷材防水屋面中采用空铺、点粘、条粘工艺粘贴的卷材,其檐口端部800 mm范围内的卷材应满粘,卷材收头应采用金属压条钉压牢固,并用密封材料进行密封处理,其钉距宜为500~800 mm,以防止卷材防水层的收头翘边或被风揭起。从防水层收头向外的檐口上端、外檐至檐口的下部,均应采用聚合物水泥砂浆铺抹,以提高檐口的防水能力。檐口做法属于无组织排水,由于檐口雨水的冲刷量大,为防止雨水沿檐口下端流向外墙,檐口下端应做鹰嘴和滴水槽,见图1.2。

2)檐沟和天沟

卷材或涂膜防水屋面(见图1.3)的防水构造,应符合下列规定:

①檐沟和天沟的防水层下应增设附加层,附加层伸入屋面的宽度不应小于250 mm。

②檐沟防水层和附加层应由沟底翻上至外侧顶部,卷材收头应用金属压条钉压,并用密封材料封严,涂膜收头应用防水涂料多遍涂刷。

③檐沟外侧下端应做鹰嘴或滴水槽。

④檐沟外侧高于屋面结构板时,应设置溢水口。

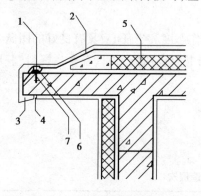

图1.2　卷材防水屋面檐口

1—密封材料;2—卷材防水层;3—鹰嘴;

4—滴水槽;5—保温层;6—金属压条;7—水泥钉

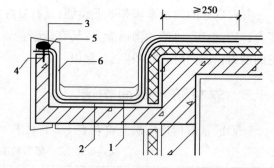

图1.3　卷材、涂膜防水屋面檐沟

1—防水层;2—附加层;3—密封材料;

4—水泥钉;5—金属压条;6—保护层

3)女儿墙

女儿墙的防水构造应符合下列规定:

①女儿墙压顶可采用混凝土或金属制品。压顶向内排水坡度不应小于5%,压顶内侧下端应做滴水处理。

②女儿墙泛水处的防水层下应增设附加层,附加层在平面和立面的宽度均不应小于250 mm。

③低女儿墙泛水处的防水层可直接铺贴或涂刷至压顶下,卷材收头应用金属压条钉压固定,并应用密封材料封严;涂膜收头应用防水涂料涂刷多遍,见图1.4。

④高女儿墙泛水处的防水层泛水高度不应小于250 mm,防水层收头应符合女儿墙防水构造③的规定;泛水上部的墙体应做防水处理,见图1.5。

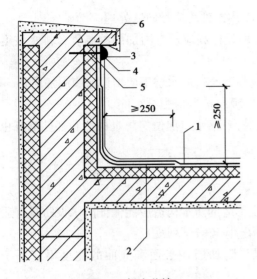

图 1.4　低女儿墙
　1—防水层；2—附加层；3—密封材料；
　4—金属压条；5—水泥钉；6—压顶

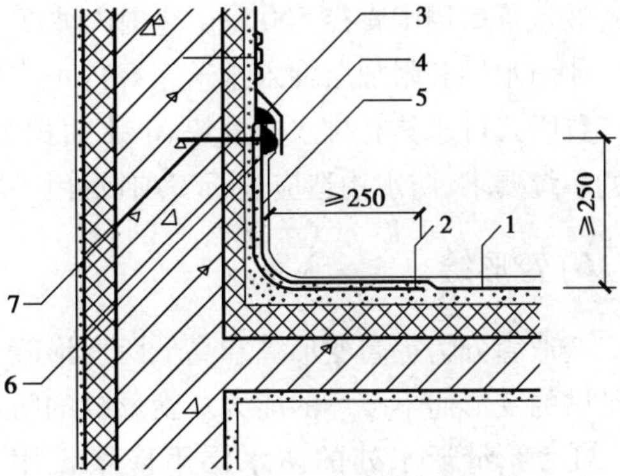

图 1.5　高女儿墙
　1—防水层；2—附加层；3—密封材料；4—金属盖板；
　5—保护层；6—金属压条；7—水泥钉

⑤女儿墙泛水处的防水层表面,宜采用涂刷浅色涂料或浇筑细石混凝土保护。

4) 山墙的防水构造

山墙的防水构造应符合下列规定:

①山墙压顶可采用混凝土或金属制品。压顶应向内排水,坡度不应小于 5% ,压顶内侧下端应做滴水处理。

②山墙泛水处的防水层下应增设附加层,附加层在平面和立面的宽度均不应小于 250 mm。

5) 水落口

重力式排水的水落口分为直式水落口和横式水落口(见图 1.6 和图 1.7),其防水构造应符合下列规定:

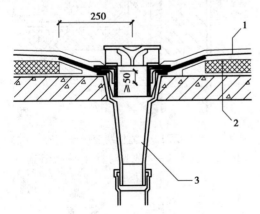

图 1.6　直式水落口
　1—防水层；2—附加层；3—水落斗

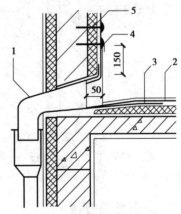

图 1.7　横式水落口
　1—水落斗；2—防水层；3—附加层；
　4—密封材料；5—水泥钉

①水落口可采用塑料或金属制品,水落口的金属配件均应做防锈处理。

②水落口杯应牢固地固定在承重结构上,其埋设标高应根据附加层的厚度及排水坡度加大的尺寸来确定。

③水落口周围直径 500 mm 范围内坡度不应小于 5%,防水层下应增设涂膜附加层。

④防水层和附加层伸入水落口杯内不应小于 50 mm,并应黏结牢固。

虹吸式排水具有排水速度快、汇水面积大的特点,落水口部位的防水构造和部件都有相应的系统要求,防水构造应进行专项设计。

6) 变形缝

变形缝分为等高变形缝和高低跨变形缝。变形缝的防水构造应能保证防水设防具有适应足够的变形而不破坏的能力。变形缝的防水构造应符合下列规定:

①变形缝泛水处的防水层下应增设附加层,附加层在平面和立面的宽度不应小于 250 mm;防水层应铺贴或涂刷至泛水墙的顶部。

②变形缝内应预填不燃保温材料,上部应采用防水卷材封盖,并放置衬垫材料,再在其上干铺一层卷材。

③等高变形缝顶部宜加扣混凝土或金属盖板,见图1.8。

④高低跨变形缝在立墙泛水处,应采用有足够变形能力的材料和构造做密封处理,见图1.9。

高低跨变形缝的附加层和防水层在高跨墙上的收头应固定牢固、密封严密,然后再在上部用固定牢固的金属盖板进行保护。

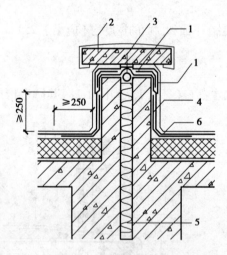

图 1.8 等高变形缝
1—卷材封盖;2—混凝土盖板;3—衬垫材料;
4—附加层;5—不燃保温材料;6—防水层

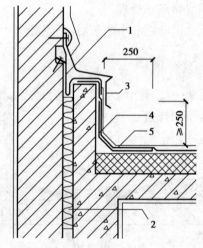

图 1.9 高低跨变形缝
1—卷材封盖;2—不燃保温材料;3—金属盖板;
4—附加层;5—防水层

7) 伸出屋面管道

伸出屋面的管道(见图1.10),其防水构造应符合下列规定:

①管道周围的找平层应抹出高度不小于 30 mm 的排水坡。

②管道泛水处的防水层下应增设附加层,附加层在平面和立面的宽度均不应小于 250 mm。

③管道泛水处的防水层泛水高度不应小于 250 mm。

④卷材收头应用金属箍紧固和用密封材料封严,涂膜收头应用防水涂料涂刷多遍。

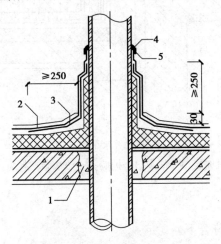

图 1.10 伸出屋面管道
1—细石混凝土;2—卷材防水层;3—附加层;4—密封材料;5—金属箍

8) 垂直出入口

屋面的垂直出入口泛水处应增设附加层,附加层在平面和立面的宽度均不应小于 250 mm。防水层收头应在混凝土压顶圈下,见图 1.11。

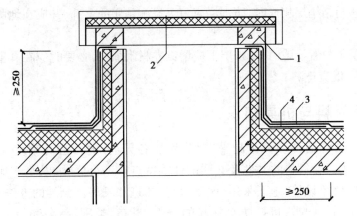

图 1.11 垂直出入口
1—混凝土压顶圈;2—上人孔盖;3—防水层;4—附加层

9) 水平出入口

屋面的水平出入口泛水处应增设附加层和护墙,附加层在平面和立面上的宽度不应小于250 mm;防水层收头应压在混凝土踏步下,见图 1.12。

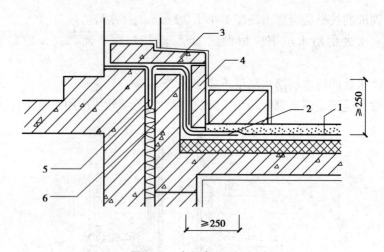

图 1.12　水平出入口

1—防水层;2—附加层;3—踏步;4—护墙;5—防水卷材封盖;6—不燃保温材料

10)反梁过水孔

反梁过水孔的构造应符合下列规定:

①应根据排水坡度留设反梁过水孔,图纸上应注明孔底标高。

②反梁过水孔宜采用预埋管道,其管径不得小于 75 mm。

③过水孔可采用防水涂料或密封材料防水。预埋管道两端周围与混凝土接触处应留凹槽,并应用密封材料封严。

11)设施基座

①设施基座与结构层相连时,防水层应包裹设施基座的上部,并应在地脚螺栓周围做密封处理。

②在防水层上放置设施时,防水层下应增设卷材附加层,必要时应在其上浇筑厚度不小于 50 mm 的细石混凝土。

1.1.4　使用材料与机具知识

建筑防水材料的品种和数量越来越多,性能各异,分类方法尚难统一。防水材料分类,其目的就是按同类材料的共性及共同的性能特点来进行分类,以便于制订相关的材料标准、工艺标准,便于设计、施工采用,便于研究、改进和发展。分类的方法很多,按照不同角度和要求有不同的归类,可按防水材料的材性、形态、类别、品名和组成原材料的性能分类。

1)主要材料

(1)屋面工程各类防水材料及标准

屋面工程用防水材料标准应按表 1.3 选用。

表 1.3 屋面工程用防水材料标准

类别标准	标准名称	标准编号
改性沥青防水卷材	1. 弹性体改性沥青防水卷材	GB 18242
	2. 塑性体改性沥青防水卷材	GB 18243
	3. 改性沥青聚乙烯胎防水卷材	GB 18967
	4. 带自粘层的防水卷材	GB/T 23260
	5. 自粘聚合物改性沥青防水卷材	GB 23441
高分子防水卷材	1. 聚氯乙烯防水卷材	GB 12952
	2. 氯化聚乙烯防水卷材	GB 12953
	3. 高分子防水材料 第1部分 片材	GB 18173.1
	4. 氯化聚乙烯-橡胶共混防水卷材	JC/T 684
防水涂料	1. 聚氨酯防水涂料	GB/T 19250
	2. 聚合物水泥防水涂料	GB/T 23445
	3. 水乳型沥青防水涂料	JC/T 408
	4. 溶剂型橡胶沥青防水涂料	JC/T 852
	5. 聚合物乳液建筑防水涂料	JC/T 864
密封材料	1. 硅酮建筑密封胶	GB/T 14683
	2. 建筑用硅酮结构密封胶	GB 16776
	3. 建筑防水沥青嵌缝油膏	JC/T 207
	4. 聚氨酯建筑密封胶	JC/T 482
	5. 聚硫建筑密封胶	JC/T 483
	6. 中空玻璃用弹性密封胶	JC/T 486
	7. 混凝土建筑接缝用密封胶	JC/T 881
	8. 幕墙玻璃接缝用密封胶	JC/T 882
	9. 彩色涂层钢板用建筑密封胶	JC/T 884
瓦	1. 玻纤胎沥青瓦	GB/T 20474
	2. 烧结瓦	GB/T 21149
	3. 混凝土瓦	JC/T 746
配套材料	1. 高分子防水卷材胶黏剂	JC/T 863
	2. 丁基橡胶防水密封胶黏带	JC/T 942
	3. 坡屋面用防水材料聚合物改性沥青防水垫层	JC/T 1067
	4. 坡屋面用防水材料自粘聚合物沥青防水垫层	JC/T 1068
	5. 沥青防水卷材用基层处理剂	JC/T 1069
	6. 自粘聚合物沥青泛水带	JC/T 1070
	7. 种植屋面用耐根穿刺防水卷材	JC/T 1075

（2）防水卷材的分类

防水卷材按主要组成材料分类见表1.4。

表1.4　防水卷材按主要组成材料分类

防水卷材		
沥青防水卷材		纸胎沥青防水卷材
		玻纤布胎沥青防水卷材
		玻纤毡胎沥青防水卷材
		麻布胎沥青防水卷材
高聚物改性沥青防水卷材（玻纤毡、聚酯毡、玻纤增强聚酯毡）		SBS改性沥青防水卷材
		APP改性沥青防水卷材
		SBR改性沥青防水卷材
		再生胶改性沥青防水卷材
		PVC改性沥青防水卷材
		自粘型高聚物改性沥青防水卷材
合成高分子防水卷材	硫化橡胶类和非硫化橡胶类	三元乙丙橡胶防水卷材（EPDM）
		氯化聚乙烯防水卷材（CPE）
		氯化聚乙烯橡胶共混防水卷材（DPBR）
		丁基橡胶防水卷材（IIR）
		自粘型合成高分子防水卷材
		蠕变性自粘型高分子防水卷材
	树脂类	氯化聚乙烯橡塑防水卷材
		氯化聚乙烯防水卷材（PVC）（有胎基、无胎基）
		热塑性聚烯烃防水卷材（TPO）
		聚乙烯防水卷材（PE、HDPE、LDPE）
		聚乙烯丙纶复合防水卷材

防水卷材按施工方法分类见表1.5。

表 1.5 防水卷材按施工方法分类

施工方法	卷材品种
热熔法	高聚物改性沥青防水卷材
热熔涂料热粘法	高聚物改性沥青防水卷材
	合成高分子防水卷材
焊接法	聚氯乙烯防水卷材(PVC)
	热塑性聚烯烃防水卷材(TPO)
	聚乙烯防水卷材(PE)
冷胶黏剂粘贴法	三元乙丙橡胶防水卷材
	氯化聚乙烯防水卷材
	氯化聚乙烯橡胶共混防水卷材
	氯化聚乙烯橡塑防水卷材
	丁基橡胶防水卷材
自粘粘贴法	自粘型改性沥青防水卷材
	自粘型合成高分子防水卷材
	蠕变性自粘型高分子防水卷材

（防水卷材，为"施工方法"与"卷材品种"两大列的行标题）

(3)高聚物改性沥青防水卷材的构造层次(见图 1.13)

常用的有弹性体改性沥青防水卷材和塑性体改性沥青防水卷材两种。弹性体沥青防水卷材主要指 SBS 防水卷材,性能指标执行国家标准《弹性体改性沥青防水卷材》(GB 18242—2008);另一种是塑性体沥青防水卷材,主要指 APP、APAO、APO 防水卷材,性能指标执行国家标准《塑性体改性沥青防水卷材》(GB 18243—2008)。

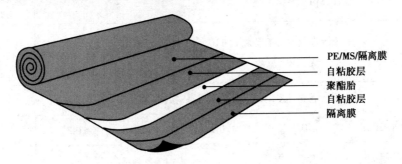

图 1.13 高聚物改性沥青防水卷材构造层次图

①SBS 弹性体改性沥青防水卷材。SBS 弹性体改性沥青防水卷材是以聚酯毡、玻纤毡、玻纤增强聚酯毡为胎基,以苯乙烯-丁二烯-苯乙烯(SBS)热塑性弹性体作改性剂,两面覆以隔离材料所制成。其类型按胎基分为聚酯毡(PY)、玻纤毡(G)、玻纤增强聚酯毡(PYG);按

上表面隔离材料分为聚乙烯膜(PE)、细砂(S)及矿物粒料(M),其下表面隔离材料为聚乙烯膜(PE)、细砂(S);按物理性能分为Ⅰ型和Ⅱ型。其规格如下:

宽度:1 000 mm。

厚度:聚酯毡卷材为3 mm、4 mm和5 mm;玻纤胎卷材厚度为3 mm和4 mm;玻纤增强聚酯毡厚度为5 mm。

面积:每卷面积为15 m²、10 m²和7.5 m²。

外观要求:成卷卷材应卷紧、卷齐,端面里进外出不超过10 mm;成卷卷材在4~50 ℃任一产品温度下展开,在距卷芯1 m长度外不应有10 mm以上的裂纹或黏结;胎基应浸透,不应有未被浸渍的条纹;卷材表面必须平整,不允许有孔洞、缺边和裂口、疙瘩,矿物粒料粒度均匀一致并紧密黏附于卷材表面;每卷卷材接头处不应超过1个,较短的一段长度不应小于1 000 mm,接头应剪切整齐,并加长150 mm。SBS弹性体改性沥青防水卷材适用于工业与民用建筑的屋面及地下防水工程。

根据《屋面工程技术规范》(GB 50345—2012)对材料的要求,高聚物改性沥青防水卷材主要性能指标见表1.6。其单位面积质量、面积及厚度应符合表1.7的规定。

表1.6 高聚物改性沥青防水卷材主要性能指标

项 目		指 标				
		聚酯毡胎体	玻纤毡胎体	聚乙烯胎体	自粘聚酯胎体	自粘无胎体
可溶物含量(g/m²)		3 mm 厚≥2 100 4 mm 厚≥2 900		—	2 mm 厚≥1 300 3 mm 厚≥2 100	—
拉力(N/50 mm)		≥500	纵向≥350	≥200	2 mm 厚≥350 3 mm 厚≥450	≥150
延伸率(%)		最大拉力时 SBS≥30 APP≥25	—	断裂时 ≥120	最大拉力时 ≥30	最大拉力时 ≥200
耐热度(℃,2 h)		SBS卷材90,APP卷材110, 无滑动、流淌、滴落		PEE卷材90, 无流淌、起泡	70,无滑动、流淌、滴落	70,滑动 不超过2 mm
低温柔性(℃)		SBS卷材-20,APP卷材-7,PEE卷材-20			-20	
不透水性	压力(MPa)	≥0.3	≥0.2	≥0.4	≥0.3	≥0.2
	保持时间(min)	≥30				≥120

注:SBS卷材为弹性体改性沥青防水卷材,APP卷材为塑性体改性沥青防水卷材,PEE卷材为改性沥青聚乙烯胎防水卷材。

表 1.7　SBS 改性沥青防水卷材单位面积质量、面积及厚度

公称厚度(mm)		3			4			5		
上表面材料		PE	S	M	PE	S	M	PE	S	M
下表面材料		PE	PE、S		PE	PE、S		PE	PE、S		
面积 (m²/卷)	公称面积	10、15			10、7.5			7.5			
	偏差	±0.10			±0.10			±0.10			
单位面积质量(kg/m²)≥		3.3	3.5	4.0	4.3	4.5	5.0	5.3	5.5	6.0
厚度 (mm)	平均值≥	3.0			4.0			5.0			
	最小单值	2.7			3.7			4.7			

②APP 塑性体改性沥青防水卷材。APP 塑性体改性沥青防水卷材是以聚酯毡、玻纤毡、玻纤增强聚酯毡为胎基,以无规聚丙烯(APP)或聚烯烃类聚合物(APAO、APO 等)作石油沥青改性剂,两面覆以隔离材料所制成的防水卷材。其品种、规格与 SBS 卷材相同。APP 塑性体改性沥青防水卷材按胎基分为聚酯胎(PY)和玻纤胎(G)两类;按上表面隔离材料分为聚乙烯膜(PE)、细砂(S)与矿物粒(片)料(M)三种。APP 改性沥青防水卷材适用于工业与民用建筑的屋面及地下防水工程。

外观要求:成卷卷材应卷紧、卷齐,端面里进外出不超过 10 mm;成卷卷材在 4~60 ℃任一产品温度下展开,在距卷芯 1 m 长度外不应有 10 mm 以上的裂纹或黏结;胎基应浸透,不应有未被浸渍处;卷材表面必须平整,不允许有孔洞、缺边和裂口、疙瘩,矿物粒料粒度均匀一致并紧密黏附于卷材表面;每卷卷材接头处不应超过 1 个,较短的一段长度不应小于1 000 mm,接头应剪切整齐,并加长 150 mm。

防水材料储存注意事项:防水材料应按品种、规格分类堆放,避免日晒雨淋,堆放场地做到通风、无热源,对易燃物应进行挂牌标明,严禁烟火,并准备消防设备。

(4)合成高分子防水卷材(见图 1.14—图 1.17)

合成高分子防水卷材具有拉伸强度和抗撕裂强度高、断裂伸长率大、耐热性和低温柔性好、耐腐蚀、耐老化等一系列优异的性能,是新型高档防水卷材。工程上常用的有三元乙丙橡胶防水卷材、聚氯乙烯防水卷材、氯化聚乙烯防水卷材、氯化聚乙烯-橡胶共混防水卷材等。

合成高分子防水卷材有均质片、复合片、自粘片、异形片和点(条)粘片 5 种类型,其中前3 种每一种又分为硫化橡胶类、非硫化橡胶类、合成树脂类。均质片硫化橡胶类的主要原材料是三元乙丙橡胶、橡塑共混、氯丁橡胶、氯磺化聚乙烯、氯化聚乙烯等;非硫化橡胶类的主要原材料是三元乙丙橡胶、橡塑共混、氯化聚乙烯;合成树脂类的主要原材料是聚氯乙烯、乙烯醋酸乙烯共聚物、聚乙烯等,乙烯醋酸乙烯共聚物与改性沥青共混。硫化橡胶类均质片(JL1)最常用,非硫化橡胶类均质片(JF1)用于管根等节点加强部位。

合成高分子防水卷材性能指标执行国家标准《高分子防水材料 第 1 部分 片材》(GB 18173.1—2012)。片材的规格尺寸见表 1.8,允许偏差见表 1.9。

图 1.14　SBS 改性沥青防水卷材

图 1.15　三元乙丙橡胶防水卷材

图 1.16　聚乙烯丙纶复合防水卷材

图 1.17　聚乙烯丙纶复合防水卷材
粘贴专用胶粉

表 1.8　片材的规格尺寸

项目	厚度（mm）	宽度（mm）	长度（m）
橡胶类	1.0,1.2,1.5,1.8,2.0	1.0,1.1,1.2	≥20
树脂类	>0.5	1.0,1.2,1.5,2.0,2.5,3.0,4.0,6.0	
橡胶类片材在每卷 20 m 长度中允许有一处接头,且最小块长度应≥3 m,并应加长 15 cm 备作搭接;树脂类片材在每卷至少 20 m 长度内不允许有接头;自粘片材及异形片材每卷 10 m 长度内不允许有接头			

表 1.9　片材的允许偏差

项　目	厚　　度		宽　度	长　度
允许偏差	<1.0 mm	≥1.0 mm	±1%	不允许出现负值
	±10%	±5%		

合成高分子防水卷材的外观质量要求为:表面应平整,不能有影响使用性能的杂质、机械损伤、折痕及异常黏着等缺陷。在不影响使用的条件下,其表面缺陷应符合下列规定:a.凹痕深度,橡胶类片材不得超过片材厚度的 20%,树脂类片材不得超过 5%;b.气泡深度,橡胶类不得超过片材厚度的 20%,且每 1 m^2 内气泡面积不得超过 7 mm^2,树脂类片材不允许有气泡;c.异形片材表面应边缘整齐,无裂纹、孔洞、粘连、气泡、疤痕及其他机械损伤缺陷。

合成高分子防水卷材检验批的材料现场抽样数量:大于 1 000 卷抽 5 卷,每 500～1 000 卷抽 4 卷,100～499 卷抽 3 卷,100 卷以下抽 2 卷,进行规格尺寸和外观质量检验。在外观质量检验合格的卷材中,任取一卷做物理性能检验。物理性能检验项目为:断裂拉伸强度、扯断伸长率、低温弯折性、不透水性。

①三元乙丙橡胶(EPDM)防水卷材。三元乙丙橡胶(EPDM)防水卷材由三元乙丙橡胶(乙烯、丙烯和少量双环戊二烯共聚合成的高分子聚合物)、硫化剂、促进剂等,经压延或挤出工艺制成的高分子卷材。其规格如下:

幅宽:1 000 mm、1 100 mm、1 200 mm。

厚度:1.2 mm、1.5 mm、2.0 mm。

长度:20 m。

其物理力学性能要求见表1.10。

表 1.10 三元乙丙防水卷材物理力学性能

序号	项 目		指 标	
			一等品	合格品
1	拉伸强度(MPa),纵横向均应≥		8	7
2	断裂延伸率(%),纵横向均应≥		450	450
3	不透水性	0.3 MPa,30 min	不透水	—
		0.1 MPa,30 min	—	不透水
4	黏合性能(胶与胶)	无处理	合格	合格
5	低温弯折性	−40 ℃	无断裂或裂纹	无断裂或裂纹

三元乙丙橡胶防水卷材具有耐老化性能好、使用寿命长、弹性好、拉伸性能优异、能够较好地适应基层伸缩或开裂变形的需要、耐高低温性能好、能在严寒或酷热环境中长期使用等特点,被广泛用于防水要求高、耐久年限长的防水工程中。

②聚氯乙烯(PVC)防水卷材。聚氯乙烯(PVC)防水卷材是以聚氯乙烯树脂为主要原料,掺加填充料和适量的改性剂、增塑剂,经混炼、压延或挤出成型、分卷包装而成的防水卷材。其规格如下:

长度:15 m、20 m、25 m。

宽度:1.00 m、2.00 m。

厚度:1.20 m、1.50 m、1.80 m、2.00 m。

(特殊规格可由供需双方商定。)

聚氯乙烯(PVC)防水卷材因拉伸强度高,耐穿刺性能强,具有良好的可焊接性、水汽扩散性、低温柔性,浅颜色的表面能反射紫外线照射,使用寿命长,无环境污染,细部处理方便,维修简便,成本低廉等特点,故广泛应用于种植屋面、暴露式单层轻钢屋面、建筑物地下室、水库、堤坝、公路隧道、铁路隧道、人防工程、粮库、垃圾厂、废水处理、地下车库防潮等建筑防水工程。聚氯乙烯防水卷材性能指标执行国家标准《聚氯乙烯防水卷材》(GB 12952—2011)。聚氯乙烯防水卷材(PVC),按产品的组成分为均质卷材(代号 H)、带纤维背衬卷材(代号 L)、织物内增强卷材(代号 P)、玻璃纤维内增强卷材(代号 G)、玻璃纤维内增强带纤维背衬卷材(代号 GL)。

③氯化聚乙烯-橡胶共混防水卷材。氯化聚乙烯-橡胶共混防水卷材是以氯化乙烯树脂和合成橡胶为主体,加入适量的硫化剂、促进剂、稳定剂、软化剂和填充剂等,经过混炼等工序制成的高弹性高分子防水卷材。因其具有耐老化性能好、耐高温性能好、耐低温性能好的特性,同时还具备拉伸强度高、延伸率大、黏结性能好、施工方便、无环境污染、使用寿命长等特点,故广泛应用于屋面、地下室、隧道、山洞、水库、水池、污水处理、排灌渠道、楼地面等防水工程。氯化聚乙烯-橡胶共混防水卷材性能指标执行《氯化聚乙烯-橡胶共混防水卷材》(JC/T 684—1997)。氯化聚乙烯-橡胶共混防水卷材产品厚度有 1.0 mm、1.2 mm、1.5 mm、1.7 mm、2.0 mm 五种。

④聚乙烯丙纶复合防水卷材。聚乙烯丙纶复合防水卷材是以原生聚乙烯合成高分子材料,加入抗老化剂、稳定剂、助粘剂等与高强度新型丙纶涤纶长丝无纺布,经过自动化生产线一次复合而成的新型防水卷材。

聚乙烯丙纶复合防水卷材的特点是抗拉强度高,抗渗能力强,低温柔性好,膨胀系数小,能与多种材料黏合,易黏接,摩擦系数小,可直接设于砂土中使用,性能稳定可靠,尤其与水泥材料在凝固过程中直接黏合,综合性能良好,是一种无毒、无污染的绿色环保产品。它适用于工业与民用建筑的屋面的防水,地面防水,防潮隔汽,室内墙地面防潮,卫生间防水,水利池库,渠道,桥涵防水、防渗,冶金化工防污染等防水工程。

聚乙烯丙纶复合防水卷材产品质量要求:聚乙烯丙纶复合防水卷材生产使用的聚乙烯必须是成品原生料;卷材两面热覆的丙纶纤维必须采用长纤维无纺布;卷材必须采用一次成型工艺生产;在现场配制用于黏结卷材的聚合物水泥防水黏接材料应是以聚合物乳液或聚合物再分散性粉末(见图 1.17)等材料和水泥为主要材料组成,不得使用水泥净浆或水泥与聚乙烯醇缩合物混合的材料;现场黏结材料不仅要有黏结性,还应具有防水性能,其物理性能指标应符合《聚乙烯丙纶卷材复合防水工程技术规程》(CECS199:2006)的规定。

常见合成高分子防水卷材的特点和使用范围见表 1.11。

表 1.11　常见合成高分子防水卷材的特点和使用范围

卷材名称	特　点	使用范围	施工工艺
三元乙丙橡胶防水卷材	防水性能优异,耐候性好,耐臭氧性、耐化学腐蚀性好,弹性和抗拉强度大,对基层变形开裂的适应性强,质量小,使用温度范围宽,寿命长,但价格高,黏结材料尚需配套完善	防水要求较高,防水层耐用年限要求长的工业与民用建筑,单层或复合使用	冷粘法或自粘法
丁基橡胶防水卷材	有较好的耐候性、耐油性、抗拉强度和延伸率,耐低温性能稍低于三元乙丙防水卷材	单层或复合使用,适用于要求较高的防水工程	冷粘法施工
氯化聚乙烯防水卷材	具有良好的耐候性、耐臭氧、耐热老化、耐油、耐化学腐蚀及抗撕裂的性能	单层或复合使用,易用于紫外线强的炎热地区	冷粘法施工

续表

卷材名称	特 点	使用范围	施工工艺
氯磺化聚乙烯防水卷材	延伸率较大,弹性很好,对基层变形开裂的适应性较强,耐高温、低温性能好,耐腐蚀性能优良,难燃性好	适用于有腐蚀介质影响及在寒冷地区的防水工程	冷粘法施工
聚氯乙烯防水卷材	具有较高的拉伸和撕裂强度,延伸率较大,耐老化性能好,原材料丰富,价格便宜,容易黏结	单层或复合使用,适用于外露或有保护层的防水工程	冷粘法施工或热风焊接法施工
氯化聚乙烯-橡胶共混防水卷材	不但具有氯化聚乙烯特有的高强度和优异的耐臭氧、耐老化性能,而且具有橡胶所特有的高弹性、高延伸性以及良好的低温柔性	单层或复合使用,尤易用于寒冷地区或变形较大的防水工程	冷粘法施工
三元乙丙橡胶-聚乙烯共混防水卷材	是热塑性弹性材料,有良好的耐臭氧和耐老化性能,使用寿命长,低温柔性好,可在负温条件下施工	单层或复合外露防水层面,宜在寒冷地区使用	冷粘法施工

(5)屋面工程对防水材料的要求

屋面工程所用的防水、保温材料应有产品合格证书(见图 1.18)和性能检测报告(见图 1.19),材料的品种、规格、性能等必须符合国家现行产品标准和设计要求。产品质量应由经过省级以上建设行政主管部门对其资质认可(见图 1.20)和质量、技术监督部门对其计量认证的质量检测单位进行检测。

图 1.18 产品合格证书

图 1.19 产品性能检测报告

屋面防水工程完工后,应进行观感质量检查和雨后观察或淋水、蓄水实验,不得有渗漏和积水现象。

保温材料的导热系数,表观密度或干密度,抗压强度或压缩强度、燃烧性能,必须符合设计要求。

瓦片必须铺置牢固。大风及地震设防地区或屋面坡度大于 100% 时,应按设计要求采取固定加强措施。

防水、保温材料的进场验收:检查质量证明文件;检查验收品种、规格、包装、外观和尺寸

图 1.20 省级以上主管部门资质认可

等;防水、保温材料的物理性能检验:进场检验报告的全部项目指标均达到技术标准规定应为合格。

屋面工程使用的材料应符合国家现行有关标准对材料有害物质限量的规定,不得对周围环境造成污染。

(6)防水材料的选择

①外露使用的防水层,应选用耐紫外线、耐老化、耐候性好的防水材料。

②上人屋面应选用耐霉变、拉伸强度高的防水材料。

③长期处于潮湿环境的屋面,应选用耐腐蚀、耐霉变、耐穿刺、耐长期水浸等性能的防水材料。

④薄壳、装配式结构、钢结构及大跨度建筑屋面,应选用耐候性好、适应变形能力强的防水材料。

⑤倒置式屋面应选用适应变形能力强、接缝密封保证率高的防水材料。

⑥坡屋面应选用与基层黏结力强、感温性小的防水材料。

⑦屋面接缝密封防水,应选用与基材黏结力强和耐候性好、适应位移能力强的密封材料。

⑧基层处理剂、胶黏剂和涂料,应符合现行行业标准《建筑防水涂料有害物质限量》(JC 1066)的有关规定。

(7)防水材料相容性要求

检查防水材料相容性的项目如下:

• 卷材或涂料与基层处理剂;

• 卷材与胶黏剂或胶黏带;

• 卷材与卷材复合使用;

• 卷材与涂料复合使用;

• 密封材料与接缝基材。

(8)防水卷材检测要求

①卷材进场后,为保证防水工程的质量,应对其进行抽样复验。抽样复验的卷材应符合下列规定:

A.同一品种、牌号和规格的卷材,抽验数量为:现场抽样数量大于 1 000 卷抽 5 卷,每 500~1 000 卷抽 4 卷,100~499 卷抽 3 卷,100 卷以下抽 2 卷。

B.对抽验的卷材开卷进行规格尺寸和外观质量检验,全部指标达到标准规定时即为合格,其中如有一项指标达不到要求,应在受检产品中另取相同数量的卷材进行复验,全部达到标准规定为合格。复验时仍有一项指标不合格的,则判定该产品外观质量为不合格。

②进场的卷材外观质量应检验下列项目:

A.高聚物改性沥青防水卷材:表面平整,边缘整齐,无孔洞、缺边、裂口,胎基未浸透,矿物粒料粒度,每卷卷材的接头。

B.合成高分子防水卷材:表面平整,边缘整齐,无气泡、裂纹、黏接疤痕,每卷卷材的接头。

在外观质量检验合格的卷材中,任取一卷做物理性能检验,若物理性能有一项指标不符合标准规定,应在受检产品中加倍取样进行该项复验;复验结果如仍不合格,则判定该产品为不合格。

③进场的卷材物理性能应检验下列项目:

A.高聚物改性沥青防水卷材:可溶物含量、拉力、最大拉力时延伸率、耐热度、低温柔度、不透水性。

B.合成高分子防水卷材:断裂拉伸强度、扯断伸长率、低温弯折性、不透水性。

(9)防水卷材的选择要点

①防水卷材可按合成高分子防水卷材和高聚物改性沥青防水卷材选用,其外观质量和品种、规格应符合国家现行有关材料标准的规定。

②应根据当地历年最高气温、最低气温、屋面坡度和使用条件等因素,选择耐热度、低温柔性相适应的卷材。

③应根据地基变形程度、结构形式、当地年温差、日温差和振动等因素,选择拉伸性能相适应的卷材。

④应根据屋面卷材的暴露程度,选择与耐紫外线、耐老化、耐霉烂要求相适应的卷材。

⑤种植隔热屋面的防水层应选择耐根穿刺防水卷材。

(10)密封、背衬材料的选择要点

①应根据当地历年最高气温、最低气温、屋面构造特点和使用条件等因素,选择耐热度、低温柔性相适应的密封材料。

②应根据屋面接缝变形的大小以及接缝的宽度,选择位移能力相适应的密封材料。

③应根据屋面接缝黏结性要求,选择与基层材料相容的密封材料。

④应根据屋面接缝的暴露程度,选择耐高低温、耐紫外线、耐老化和耐潮湿等性能相适应的密封材料。

⑤密封材料的嵌填深度宜为接缝宽度的50%~70%。

⑥接缝处的密封材料底部应设置背衬材料,背衬材料应大于接缝宽度20%,嵌入深度应为密封材料的设计厚度。

⑦背衬材料应选择与密封材料不黏结或黏结力弱的材料,并应能适应基层的伸缩变形,同时应具有施工时不变形、复原率高和耐久性好等性能。

(11)卷材防水层厚度要求

每道卷材防水层最小厚度应符合表1.12的规定。

表1.12 每道卷材防水层最小厚度　　　　　单位:mm

防水等级	合成高分子防水卷材	高聚物改性沥青防水卷材		
		聚酯胎、玻纤胎、聚乙烯胎	自粘聚酯胎	自粘无胎
Ⅰ级	1.2	3.0	2.0	1.5
Ⅱ级	1.5	4.0	3.0	2.0

（12）附加层设置及要求

建筑物的檐沟、天沟与屋面交接处、屋面平面与立面交接处，以及水落口、伸出屋面管道根部等部位，应设置卷材或涂膜附加层；屋面找平层分格缝等部位，宜设置卷材空铺附加层，其空铺宽度不宜小于 100 mm；附加层最小厚度应符合表 1.13 的规定。

表 1.13　附加层最小厚度　　　　　单位：mm

附加层材料	最小厚度
合成高分子防水卷材	1.2
高聚物改性沥青防水卷材（聚酯胎）	3.0
合成高分子防水涂料、聚合物水泥防水涂料	1.5
高聚物改性沥青防水涂料	2.0

注：涂膜附加层应夹铺胎体增强材料。

（13）防水材料主要性能指标

高聚物改性沥青防水卷材主要性能指标应符合表 1.6 的要求。

合成高分子防水卷材主要性能指标应符合表 1.14 的要求。

表 1.14　合成高分子防水卷材主要性能指标

项　目		指　标			
		硫化橡胶类	非硫化橡胶类	树脂类	树脂类（复合片）
断裂拉伸强度（MPa）		≥6	≥3	≥10	≥60 N/10 mm
扯断伸长率（%）		≥400	≥200	≥200	≥400
低温弯折（℃）		−30	−20	−25	−20
不透水性	压力（MPa）	≥0.3	≥0.2	≥0.3	≥0.3
	保持时间（min）	≥30			
加热收缩率（%）		<1.2	<2.0	≤2.0	≤2.0
热老化保持率（80 ℃×168 h,%）	断裂拉伸强度	≥80		≥85	≥80
	扯断延伸率	≥70		≥80	≥70

基层处理剂、胶黏剂、胶黏带的主要性能指标应符合表 1.15 的要求。

表 1.15　基层处理剂、胶黏剂、胶黏带主要性能指标

项　目	指　标			
	沥青基防水卷材用基层处理剂	改性沥青胶黏剂	高分子胶黏剂	双面胶粘带
剥离强度（N/10 mm）	≥8	≥8	≥15	≥6
浸水 168 h 剥离强度保持率(%)	≥8 N/10 mm	≥8 N/10 mm	70	70
固体含量(%)	水性≥40 溶剂性≥30	—	—	—
耐热性	80 ℃无流淌	80 ℃无流淌	—	—
低温柔性	0 ℃无裂纹	0 ℃无裂纹	—	—

(14)防水卷材的包装、储运和保管

防水卷材产品的包装一般应以全柱包装为宜,包装上应有以下标志:生产厂名、商标、产品名称、标号、品种、制造日期,以及生产班次、标准编号、质量等级标志、保管与运输注意事项、生产许可证号。

防水卷材的储运和保管应符合以下要求:

由于卷材品种繁多,性能差异很大,但其外观几乎一样,难以辨认,因此要求卷材必须按不同品种标号、规格、等级分别堆放,不得混杂在一起,以免在使用时误用而造成质量事故。

卷材有一定的吸水性,但施工时要求表面干燥,否则施工后可能出现起鼓和黏结不良的现象,故应避免雨淋和受潮。各类卷材均怕火,故不能接近火源,以免变质和引起火灾。尤其是沥青防水卷材,不得在高于 40 ℃的环境中储存,否则易发生黏卷现象。另外,由于卷材中空,横向受到挤压,开卷后不易展平贴于屋面,从而会造成粘贴不实,影响工程质量。鉴于上述原因,卷材应储存在阴凉通风的室内,避免雨淋、日晒和受潮,严禁接近火源。沥青防水卷材的储存环境温度不高于 45 ℃,卷材宜直立堆放,其高度不宜超过 2 层,并不得倾斜或横压,短途运输平放不宜超过 4 层,长途应敞运并覆盖。

高聚物改性沥青防水卷材、合成高分子防水卷材均为高分子化学材料,都较容易受某些化学介质及溶剂的溶解和腐蚀,故这些卷材在储运和保管过程中应避免与化学介质及有机溶剂等有害物质接触。

2)主要机具

(1)热熔法施工防水卷材的施工机具

施工机具主要有:长、短喷枪(见图 1.21)、燃气罐、橡胶气管、铁抹子(见图 1.22)、高压吹风机、小平铲、扫帚、钢丝刷、铁桶、长把滚刷、油漆刷、剪刀、壁纸刀、卷尺、钢板尺、弹线盒、滚子、手持铁压辊、灭火器等。

图 1.21　喷枪

图 1.22　铁抹子

（2）自粘法施工防水卷材的施工机具

施工机具主要有：滚刷、铁锹、扫帚、吸尘器、手锤、钢凿、抹布、剪刀、卷尺、弹线盒、胶压辊、灭火器等。

（3）冷粘法施工防水卷材的施工机具

施工机具主要有：橡胶刮板（见图 1.23）、小平铲、扫帚、吸尘器、钢丝刷、大铁桶、小铁桶、弹线盒、铁抹子、剪刀、卷尺、壁纸刀、滚刷、油漆刷、铁压辊（见图 1.24）、手推车、灭火器等。

（4）热风焊接法施工防水卷材的施工机具

施工机具主要有：热风焊机（见图 1.25）、扫帚、吸尘器、小平铲、小抹子、剪刀、卷尺、壁纸刀、灭火器等。

图 1.23　橡胶刮板

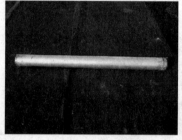

图 1.24　铁压辊

图 1.25　热风焊机

1.1.5　卷材防水屋面施工过程

1）施工计划

进行卷材防水屋面施工前，先要编制施工方案。建设部在《关于提高防水工程质量的若干规定》中指出："确保防水工程质量。防水工程施工必须严格遵守国家或行业标准规范。防水工程施工前，施工单位要组织图纸会审，通过会审，掌握施工图中的细部构造及有关要求；并应编制防水工程方案和操作说明。"因此，施工单位必须编制防水方案或技术措施。

防水工程施工方案应明确施工段的划分、施工顺序、施工进度，还应确定施工工艺，提出操作要点、主要节点施工方案、保证质量的技术措施、质量标准、成品保护及安全注意事项等内容。方案应针对拟施工的单位工程制订，并细致地考虑整个施工过程中的每个环节，使设计的意图得到落实。

防水施工方案原则上由施工单位技术负责人编写，在施工前编制完成，经上一级领导审核后,由专业防水施工队技术负责人向有关操作人员进行技术、安全交底,并以此作为防水施工的依据。对于较大和复杂的防水工程,应多方征求意见,必要时,可以邀请建设单位参加审批和核定,并请上一级技术单位审批。防水施工方案一般应包括以下内容:

(1)工程概况

包括:工程名称、工程所在位置、施工单位、设计单位、监理单位、建筑面积、防水面积、工期要求、防水等级、防水层构造层次、设防要求、结构特点、防水层耐用年限等,以及防水材料的种类和技术指标要求、其他问题等。

(2)质量工作目标

包括:防水工程施工的质量保证体系、防水工程施工的具体质量目标、防水工程各道工序施工的质量控制标准、防水工程质量的检验方法和验收评定标准、有关防水工程的施工记录和归档资料内容与要求。

(3)施工组织和管理

包括:明确该项防水工程施工的组织者和负责人;明确具体施工操作的班组及人员状况;防水工程分工序、分层检查的规定和要求;防水工程施工技术交底的要求;现场平面布置图;防水材料堆放、机械设备的位置、运输道路等;防水工程施工的分工序、分阶段的施工进度计划。

(4)防水材料及使用

包括:所用防水材料的名称、规格、类型、特性和各项技术经济指标,以及防水材料的质量要求、抽样复试要求、施工用的配合比设计,所用防水材料运输、储存的有关规定和使用注意事项。

(5)施工操作技术

包括:施工注意事项;防水工程施工准备工作,如室内资料准备,施工工具准备,施工用材料的配合比设计等;防水层的施工程序和针对性的技术措施;基层处理和具体要求;防水工程的各种节点处理做法及要求;确定防水层的施工工艺和做法,如采用满粘法、条粘法、点粘法、空铺法、热熔法和冷粘法等;施工技术要求,如熬制温度、配合比控制、卷材铺贴方向、搭接缝宽度及封缝处理等;防水层施工的环境条件和气候要求,以及季节性施工措施;防水层施工中与相关工序之间的交叉衔接要求;有关成品保护的规定。

(6)安全施工措施

包括:操作时的人身安全、劳动保护和防护设施;防火要求、点火制度、消防设备的设置等;环境保护措施,如有害有毒气体排放,生产污水的排放;加热熬制时的燃烧控制、火源隔离措施、消防道路等及其他有关防水施工操作安全的规定。

(7)质量验收

质量验收标准及验收办法,对于新工艺、新材料,可参照行业标准,自行制订验收标准和验收办法。

(8)工程回访和保修

应按照防水工程和使用材料的等级,制订出竣工后的回访和保修时间制度。竣工后第一个雨季应对防水工程进行回访,发现渗漏要及时修理。

2)施工现场准备

①屋面防水必须由专业队施工,持证上岗,防水工上岗证见图1.26。

图1.26 防水工上岗证

②铺贴防水层的基层必须坚固、不起砂、不起皮、表面清洁平整,用2 m直尺检查,最大空隙不应大于5 mm,不得有空鼓、开裂及起砂、脱皮等缺陷,空隙只允许平缓变化。阴阳角处应做成半径为50 mm的圆角。表面的尘土、杂物必须彻底清除干净。

③基层坡度应符合设计要求,表面应顺平,基层表面必须干燥,含水率应不大于9%。简易的检测方法是将1 m×1 m卷材或塑料布平铺在基层上,静置3~4 h(阳光强烈时1.5~2 h)后掀开检查,若基层覆盖部位及卷材或塑料布上未见水印即可施工。

④卷材及配套材料必须验收合格,其规格、技术性能必须符合设计要求及标准的规定。存放易燃材料应避开火源。

⑤卷材严禁在雨天、雪天施工,五级风及以上时不得施工,气温低于0 ℃时不宜施工。

⑥卷材施工前应向公司保卫部门申请动火许可证,获准后才可进行。

3)材料与机具准备

(1)主要材料

• 高聚物改性沥青防水卷材

①规格。卷材厚度为4 mm,幅宽1 m,卷长10 m。屋面板防水层宜用PE膜面卷材,立壁(女儿墙)防水层选用细砂或矿物粒料面卷材。

②外观检查。卷材热熔面应平滑,无空洞、裂纹、皱褶以及影响不透水性的其他缺陷,卷材厚度5 mm以下的疙瘩每平方米不超过3个。每卷卷材允许有一处接头,其中较短的一段不小于2 m。

③高聚物改性沥青防水卷材的主要技术性能指标见表1.6。

④储存、运输。应储存在阴凉通风的室内,避免雨淋、日晒和受潮,严禁接近火源。卷材应直立堆放,其高度不得超过两层,两层存放或运输时应在两层之间放一块托盘大的纤维板或胶合板。短途运输平放不得超过4层。应避免与化学介质及有机溶剂等有害物质接触。

• 高聚物改性沥青防水卷材辅助材料

①节点附加增强层:高聚物改性沥青防水涂料、聚合物水泥基复合防水涂料。

②节点密封材料:高聚物改性沥青防水油膏。

材料准备包括以下内容:进场的卷材及其配套材料均应有产品合格证书和性能检测报告,并符合现行国家产品标准和设计要求;进场的防水卷材应按规定进行现场抽样复验,并提出复验报告,技术性能应符合要求;防水材料的进场数量,能满足屋面防水工程的使用。

(2)主要机具

卷材防水屋面应根据防水卷材的品种和施工工艺的不同而选用不同的施工机具及防护用具。高聚物改性沥青防水卷材热熔法施工的主要机具见表1.16。

表 1.16　高聚物改性沥青防水卷材热熔法施工机具

名　称	规　格	数　量	用　途
扫帚、钢丝刷	常用	若干	清理基面
小平铲	50~100 mm	若干	
高压吹风机	300 W	1个	
卷尺、钢板尺、弹线盒		各2个	测量、放线、检查
剪刀、壁纸刀	常用	各5把	裁剪卷材
单筒、双筒热熔喷枪	专用工具	2~4支	烘烤热熔卷材
移动式热熔枪	专用工具	1~2支	
喷灯	专用工具	2~4盏	
长把滚刷	ϕ60 mm×250 mm	5个	涂(刮)刷涂料
油漆刷	50~100 mm	5个	
铁抹子	—	5个	封口收边
压辊		1~2个	压实、抹卷材
铁通、木棒	20 L、1.2 m	1个、1根	盛装底涂料、搅拌
干粉灭火器	—	10个	消防备用

高聚物改性沥青防水卷材冷粘法施工常用机具见表1.17。

表 1.17　高聚物改性沥青防水卷材冷粘法施工机具

名　称	规　格	数　量	用　途
小平铲	20~100 mm	2把	清扫基层,局部嵌填密封材料
扫帚	常用	8把	
钢丝刷	常用	3把	
吹风机	300 W	1台	清扫基层
铁抹子	—	2把	修补基层及末端收头抹平
电动搅拌器	300 W	1台	搅拌胶黏剂
铁通、油漆桶	20 L、30 L	2个、5个	盛装胶黏剂
皮卷尺、钢卷尺	50 m、3 m	1个、5个	测量放线
剪刀	—	5把	裁剪划割卷材
油漆刷	50~100 mm	5把	涂刷胶黏剂

续表

名　称	规　格	数　量	用　途
长把滚刷	ϕ60 mm×250 mm	10 把/1 000 m²	涂刷胶黏剂,推挤已铺卷材内部的空气
橡胶刮板	厚 5~7 mm	5 把	刮涂胶黏剂
木刮板	宽 250~300 mm	5 把	清除已铺卷材内部的空气
手持压辊	ϕ40 mm×50 mm	10 个	压实卷材搭接边
	ϕ40 mm×5 mm	5 个	压实阴角卷材
铁压辊	ϕ200 mm×300 mm	2 个	压实大面积卷材
铁管或木棍	ϕ30 mm×1 500 mm	2 根	铺层卷材
嵌缝枪	—	5 个	嵌填密封材料
热风焊接机	4 000 W	1 台	专用机具
热风焊接枪	2 000 W	2 把	专用工具
称量器	50 kg	1 台	称量胶黏剂
安全绳	—	5 条	防护用具

4)热熔法施工

（1）施工工艺流程

施工工艺流程为:清理基层→喷涂基层处理剂→节点附加增强层施工→定位弹线→试铺→热熔铺贴卷材→热熔封边→节点密封→清理→检查、修整→蓄水试验→保护层施工。

（2）施工工艺

①清理基层。施工前将验收合格的基层表面的尘土、杂物清理干净,并测定基层干燥度是否符合防水施工要求。施工基层表面必须平整、坚实、干燥。

②喷涂基层处理剂。基层处理剂是为了加强防水卷材与基层之间的黏结力,保证其整体性,而在防水层施工前预先涂刷在基层上的涂料(见图 1.27)。常用的基层处理剂有冷底子油及各种高聚物改性沥青卷材等,选用时应与卷材的材质相容,以免卷材受到腐蚀或不相容造成黏结不良和脱离。冷底子油、基层处理剂喷涂前要检查找平层的干燥程度并清扫干净,然后用毛刷对屋面的节点、周边、拐角等部位先行处理,最后才能大面积喷、刷。喷、刷要薄而均匀,不能够漏白或过厚起皮。涂刷基层处理剂时要均匀一致,切勿反复涂刷。常温经过 4 h 后(以不粘脚为准),才能铺贴卷材。冷底子油常用的涂刷方法有三种,即浇油法、刷油法和喷油法。

图 1.27　喷涂基层处理剂

A.浇油法:一人浇冷底子油,一人或两人用胶皮刮板涂刮。

B.刷油法:一人浇油,一人用滚刷刷开。

C.喷油法:用喷油器喷油。

这三种方法中,喷油法效果最好,使用最为广泛。

③节点附加增强层施工。节点附加层一般设置在屋面容易渗漏、防水层易被破坏的地方。附加层若设置得当,可以起到事半功倍的效果。待基层处理剂干燥后,对伸出屋面的管道根部、设备基础根部、水落口、阴阳角等细部先做附加层。

a.伸出屋面管道节点防水层施工:找平层施工时沿管道周边预留 20 mm 凹槽,并嵌填高聚物改性沥青防水油膏;防水层卷材铺贴至管道周边 250 mm 处;用聚合物水泥基复合防水涂料涂刷管道外壁,高度不小于 250 mm,厚度为 1.3~1.4 mm,并与防水层卷材搭接,搭接宽度为 300 mm;聚合物水泥基复合防水涂料用水泥砂浆保护层覆盖,并于防水层及保护层收头处用高聚物改性沥青防水油膏封严。

b.排气道、排气帽必须畅通,排气道上的附加层宽度不得小于 300 mm,必须单面点粘。铺贴在立墙上的卷材高度不小于 250 mm。在排气道上面应铺设一层 300 mm 宽的附加层。

c.阴阳角位附加增强层施工:将 1 m 幅宽卷材均匀裁成 1/3 幅宽,中对中铺贴于阴阳角位,作为附加增强层卷材;按墨线试铺定位;用短喷枪加热卷材熔胶,并用压辊或棉纱团适当加压抹实,以熔胶刚挤出卷材边为度。

d.水落口节点防水层施工:水落管安装完毕后,用聚合物防水砂浆分两次堵塞预留孔洞,堵塞前需在板中位置沿管壁和孔壁放置遇水膨胀止水条;找平层施工时沿管口周边预留 20 mm 宽凹槽,并满嵌高聚物改性沥青防水油膏;防水层卷材铺贴至管道周边 250 mm 处,然后用高聚物改性沥青防水涂料涂刷管口周边成膜,厚度为 4 mm,并与卷材搭接 300 mm;保护层施工时,同样在管口周边预留 20 mm 宽凹槽,并在预留的凹槽内满嵌高聚物改性沥青防水油膏。

e.变形缝防水施工:清理基层,涂刷基层处理剂,变形缝内填充聚苯乙烯泡沫塑料,变形缝两侧交角处铺贴卷材附加层。等高变形缝中高出屋面的变形缝或双天沟变形缝,防水层均应做到高出屋面矮墙或天沟侧壁的顶面,然后在上部用卷材覆盖,卷材中间下垂到变形缝内 20~30 mm;在凹槽内填聚苯乙烯泡沫棒,两边与屋面上翻的防水层搭接,宽度不小于 100 mm;然后再在顶部铺一层防水卷材,两边应覆盖住前一层防水卷材的搭接缝;上部再用细石混凝土或不锈钢盖板盖压。高低变形缝施工时,屋面卷材防水层的卷材应钉压在高层立墙上,并向缝中下垂;上部采用防水卷材,一边钉压在高层立墙上,一边直接粘到屋面防水层上;同时在表面用金属板单边固定予以保护,端头用密封材料密封;最后再检查、修整。

④定位、弹线。按设计要求及卷材铺贴方向、搭接宽度放线定位,并在基层弹上墨线。当屋面坡度小于 3% 时,卷材宜平行于屋脊铺贴;当屋面坡度在 3%~15% 时,卷材可平行或垂直于屋脊铺贴;当屋面坡度大于 15% 或屋面受振动时,卷材应垂直于屋脊铺贴;当屋面坡度大于 25% 时,卷材宜垂直于屋脊方向铺贴,并应采取固定措施,固定点还应密封。若由 2 层或以上卷材组成复合防水层时,上下层卷材不得相互垂直铺贴;垂直流水方向铺贴的卷材搭接缝必须顺流水方向搭接,平行流水方向铺贴的卷材,如无刚性保护层,则其搭接缝应与

年最大频率风向一致;卷材长、短边搭接宽度均为80 mm;相邻两幅卷材短边搭接缝应相互错开300 mm以上;卷材搭接缝应距阴阳角不小于300 mm,且避开天沟位置。铺贴天沟、檐沟卷材时,宜顺天沟、檐口方向,减少搭接。

⑤试铺。将卷材拆去包装纸后开卷铺在基层上并对准墨线;高低跨连体屋面,应先铺高跨后铺低跨,铺贴应从最低标高处开始往高标高的方向滚铺;宜先铺离上料点远处,后铺近处。

⑥热熔铺贴卷材。

A.操作步骤如下:

第1步,点火。先旋开液化气瓶开关,然后手持喷枪把慢慢旋开喷枪开关,待听到燃气喷出的嘶嘶声时,点燃火焰,再调节开关,使火焰呈蓝色。点火人应站在喷头侧后方,以免被火焰烧伤。

第2步,滚铺卷材。首先将末端翻起1 m长左右,用长喷灯熔化底面的热熔胶后,迅速粘贴固定在基层上(见图1.28),然后将其余部分重新收成一卷。持枪者站在已铺贴的卷材上,用长喷枪的火焰对准成卷的卷材与基层表面的夹角,边熔化热熔胶边向前缓慢地滚铺,使卷材粘贴在基层上,并经常注意卷材的边缘与搭接墨线是否吻合。持枪者进行滚铺卷材时,后面要紧跟一人,用压辊或棉纱团从中间向两边抹压卷材、赶走气泡、挤出热熔胶,使之平展并将卷材压实(见图1.29)。当卷材滚铺到离末端约1 m时,把剩余的卷材按熔贴开始端相同的方法,提起来喷热后予以粘贴。

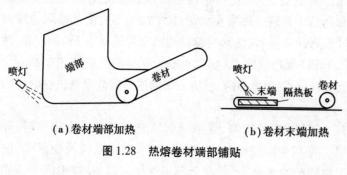

(a)卷材端部加热　　　　(b)卷材末端加热

图1.28　热熔卷材端部铺贴

图1.29　热熔卷材赶走气泡挤出热熔胶

B.操作要求如下:

a.将卷材剪成相应尺寸,用原卷芯卷好备用。

b.热熔法铺贴卷材时应注意加热要均匀、充分和适度。持枪人不能让火焰停留在一个地方的时间过长。铺贴时喷枪要沿卷材横向缓缓地来回移动,移动速度要合适,以使卷材横向加热均匀。加热控制程度为黏结胶层出现黑色光泽、发亮至稍有微泡现象,不能出现大量泡泡,不得烧穿卷材。持枪人要注意喷枪位置、火焰方向和操作手势。喷枪头与卷材面应保持200~300 mm距离,与基层成30°~45°角,见图1.30和图1.31。火焰喷向卷材与基层的交接处,同时加热卷材胶黏剂和基层面,如果不加热基层,熔化的粘胶一接触基层会立即冷却,尚未完全粘贴牢固就会失去黏性。滚铺法施工时,加热和推滚要默契配合,经往返均匀加热,至卷材表面发亮黑色(即卷材的材面熔化时)应立即滚铺。推滚速度应适中,推滚过快,加热不够;推滚过慢,加热过度。要随时注意将卷材下面的空气排尽,并滚压黏接牢固,不得空鼓。

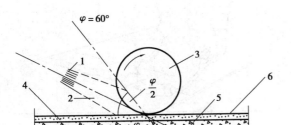

图 1.30 熔焊火焰与卷材和基层表面的相对位置 图 1.31 热熔卷材施工现场

1—喷嘴;2—火焰;3—改性沥青卷材;

4—水泥砂浆找平层;5—混凝土结构层;6—卷材防水层

c.卷材被热熔粘贴后,应在卷材还较柔软时就进行抹压。抹压太迟,卷材会冷却变硬,黏结胶黏性变弱,难以压实牢固。如遇施工中途下雨,应立即把已铺卷材的周边熔焊封闭。

d.如基层稍潮湿,可用喷枪适当烘烤基层表面至干燥。

e.在施工中暂不加热时,要及时将火焰调到最小状态以节约燃料,但不必完全熄火,以免多次重复点燃火焰而造成操作烦琐。

f.搭接部位应满粘牢固,搭接宽度应符合表 1.18 的规定。自粘卷材搭接施工现场见图 1.32。

表 1.18 卷材搭接宽度 单位:mm

搭接方向		短边搭接宽度		长边搭接宽度	
卷材种类		铺贴方法			
		满粘法	空铺、点粘、条粘法	满粘法	空铺、点粘、条粘法
沥青防水卷材	高聚物改性沥青防水卷材	100	150	70	100
	自粘橡胶沥青防水卷材	80	100	80	100
合成高分子卷材防水	胶黏剂	80	100	80	100
	胶黏带	50	60	50	60
	单焊缝	60,有效焊接宽度不小于25			
	双焊缝	80,有效焊接宽度10×2+空腔宽			

⑦热熔封边。卷材铺好后,相邻两幅卷材的搭接缝要用短喷枪熔焊粘牢、加热(以溢出热熔的粘胶为度),然后再用火焰和铁抹子将接缝边缘均匀加热抹压,见图 1.33。最后沿缝边涂刷两遍高聚物改性沥青防水涂料做封缝处理,宽约 50 mm。

图 1.32　自粘卷材搭接施工现场

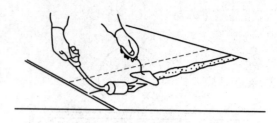

图 1.33　热熔封边

图 1.34　卷材收头施工现场

图 1.35　严禁踩踏标志牌

⑧节点密封。女儿墙为砖墙时,卷材收头可直接铺压在女儿墙压顶下;也可在砖墙上留凹槽,卷材收头应压入凹槽内固定密封,见图 1.34;凹槽距屋面找平层的最低高度不应小于250 mm。女儿墙为混凝土时,卷材的收头可采用金属压条钉压,并用密封材料封固,用带垫圈的水泥钢钉每隔 300 mm 对卷材收口予以固定;钉位及卷材收口用高聚物改性沥青防水涂料封闭。

⑨成品保护。应采取措施对已铺贴好的卷材防水层进行保护:悬挂标志牌(见图 1.35),严禁在防水层上进行施工作业和运输;对于穿过屋面、墙面防水层的管道,防水层施工完后不得再有变更和损坏;屋面落水口处,施工中应进行临时塞堵和挡盖,以防落杂物。

⑩清理。屋面防水工程施工完成后应及时清除临时封堵、挡盖物,保证管内畅通,并及时清理操作面上的杂物、材料和机具,为下一道工序做好准备。

⑪检查、修整。检查防水层表面的缺陷,对不符合质量要求的部位要及时修整,直至符合质量验收要求。

⑫蓄水试验。屋面防水工程完工后,应进行观感质量检查和雨后观察或淋水、蓄水试验,不得有渗漏和积水现象。检查屋面有无渗漏,以及积水和排水系统是否通畅,应在雨后或持续淋水 2 h 后进行,并应填写淋水试验记录。具备蓄水条件的檐沟、天沟应进行蓄水试验,蓄水时间不得少于 24 h,并应填写蓄水试验记录。

⑬保护层施工。保护层施工应待卷材铺贴完成并经检验合格后进行。块体材料保护层分格缝纵横间距不应大于 10 m,分格缝宽度宜为 20 mm。保护层与女儿墙和山墙之间应预留宽度为 30 mm 的缝隙,缝内填塞聚苯乙烯泡沫塑料,并应用密封材料嵌填密实。

5)冷粘法施工

(1)基本概念

冷粘法铺贴高聚物改性沥青防水卷材,是指用高聚物改性沥青胶黏剂或冷玛琋脂将高聚物改性沥青防水卷材粘贴于涂有冷底子油的屋面基层上。高聚物改性沥青防水卷材施工不同于沥青防水卷材多层的做法,通常只是单层或两层设防,每幅卷材铺贴位置必须准确,搭接宽度必须符合要求。其施工应根据防水工程的具体情况,确定卷材的铺贴顺序和铺贴方向,先在基层上弹出基准线,然后沿基准线铺贴卷材。

胶黏剂一般由厂家配套供应,对单组分胶黏剂只需开桶搅拌均匀后即可使用;而双组分胶黏剂则必须严格按厂家提供的配合比和配制方法进行计算、掺和,搅拌均匀后才能使用。同时,有些卷材的基层胶黏剂和卷材接缝胶黏剂为不同品种,使用时不得混用,以免影响粘贴效果。搭接缝采用胶黏带时,应选择与卷材匹配的胶黏带,并按需要备足。

胶黏剂涂刷应均匀,不露底,不堆积。卷材空铺、点粘、条粘时,应按规定的位置及面积涂刷胶黏剂。根据胶黏剂的性能,应控制胶黏剂涂刷与卷材铺贴的间隔时间。基层处理剂涂刷应均匀,屋面节点、周边、转角等部位要用毛刷先行涂刷。

复杂部位(如管根部、落水口、烟囱、出入口底部等易发生渗漏的部位)可在其中心200 mm左右范围内先均匀涂刷一遍改性沥青胶黏剂,涂胶后随即粘贴一层聚酯纤维无纺布,并在无纺布上再涂刷一遍厚度1 mm左右的改性沥青胶黏剂,使其干燥后形成一层无接缝的整体防水涂膜增强层。铺贴卷材时应平整顺直,搭接尺寸准确,不得有扭曲、皱褶。

搭接部位的接缝应满涂胶黏剂,滚压粘贴牢固。铺贴卷材时,可按照卷材的配置方案,边涂刷胶黏剂,边滚铺卷材。在铺贴卷材时应及时排除卷材下面的空气,并滚压黏结牢固,避免出现空鼓。搭接缝部位最好采用热风焊机、火焰加热器或汽油喷灯加热,接缝卷材表面熔融至光亮黑色时即可进行黏合并封闭严密。采用冷粘法时,搭接缝处应用材性相容的密封材料封严,宽度不应小于10 mm。

卷材与基层的黏结方法有满粘法、条粘法、点粘法和空铺法等形式。通常都采用满粘法,而条粘法、点粘法和空铺法更适用于防水层上有重物覆盖或基层变形较大的情况,是克服基层变形拉裂卷材防水层的有效措施,一般只在屋面和地下室底板垫层混凝土平面部位上应用。设计时应作明确规定,并选择适用的工艺方法。

①空铺法:铺贴卷材防水层时,卷材与基层仅在四周一定宽度内黏结,其余部分采取不黏结的施工方法。

②条粘法:铺贴卷材时,卷材与基层黏结面不少于两条,每条宽度不小于150 mm。

③点粘法:铺贴防水卷材时,卷材或打孔卷材与基层采用点状黏结施工的方法。每平方米黏结不少于5点,每点面积为100 mm×100 mm。

无论采用空铺、条粘还是点粘法,施工时都必须注意:距屋面周边800 mm内的防水层应满粘,保证防水层四周与基层黏结牢固;卷材与卷材之间应满粘,保证搭接严密。

(2)施工工艺流程

高聚物改性沥青防水卷材冷粘法施工的操作工艺流程如下:清理基层→涂刷基层处理剂→节点附加增强处理→定位、弹基准线→涂刷基层胶黏剂→粘贴防水卷材→卷材接缝粘贴→卷材接缝密封→蓄水试验→保护层施工→检查验收。

(3)操作要点

高聚物改性沥青防水卷材冷粘法施工的操作要点如下:

①清理基层。剔除基层上的隆起异物,清除基层上的杂物,清扫干净尘土。实际施工中,经常出现基层清理不干净,局部灰渣清理不到位,卷材铺贴后出现空鼓或是破坏卷材等问题。

②涂刷基层处理剂。高聚物改性沥青防水卷材的基层处理剂可选用氯丁沥青胶乳、橡胶改性沥青溶液、沥青溶液等。将基层处理剂搅拌均匀,先行涂刷节点部位一遍,然后进行大面积涂刷。涂刷应均匀,不得过厚、过薄或露白。一般应在涂刷 4 h 后方可进行下道工序的施工。涂刷基层处理剂是卷材铺贴质量的关键,因此,实际施工中应重点检查基层处理剂涂刷的均匀程度及厚度是否符合设计要求。基层处理剂涂刷不均匀或过薄会造成卷材黏结质量差,导致卷材黏结不牢,出现空鼓等现象。

③节点附加增强处理。在构造节点部位及周边 200 mm 范围内,均匀涂刷一层厚度不小于 1 mm 的弹性沥青胶黏剂,随即粘贴一层聚酯纤维无纺布,并在无纺布上面再涂一层厚度为 1 mm 的胶黏剂,构成无接缝的增强层。

④涂刷基层胶黏剂。基层胶黏剂的涂刷可用胶皮刮板进行,要求涂刷在基层上,厚薄均匀,不露底、不堆积,厚度约为 0.5 mm。

⑤粘贴防水卷材。胶黏剂涂刷后,根据其性能,控制其涂刷的间隔时间。一人在后均匀用力推铺铺贴卷材,并注意排除卷材下面的空气;一人手持压辊滚压卷材,使之与基层更好地黏结。立面卷材的铺贴,应从下面均匀用力往上推擦,使之黏结牢固。

⑥卷材接缝黏结。卷材接缝处应满涂胶黏剂(与基层胶黏剂同一品种),在适当的间隔时间后,使接缝处卷材黏结,并滚压之,溢出的胶黏剂随即刮平封口。

⑦卷材解封密封。搭接缝全部粘贴后,封口要用密封材料封严,密封时用刮刀沿缝刮涂,不能留有缺口,密封宽度不应小于 10 mm。用单面粘胶带封口时,可直接顺接缝粘压密封。

⑧蓄水试验。屋面防水工程完工后,应进行观感质量检查和雨后观察或淋水、蓄水试验,不得有渗漏和积水现象。检查屋面有无渗漏、积水和排水系统是否通畅,应在雨后或持续淋水 2 h 后进行,并应填写淋水试验记录。具备蓄水条件的檐沟、天沟应进行蓄水试验,蓄水时间不得少于 24 h,并应填写蓄水试验记录。

⑨保护层施工。保护层施工应待卷材铺贴完成并经检验合格后进行。块体材料保护层分格缝纵横间距不应大于 10 m,分格缝宽度宜为 20 mm。保护层与女儿墙和山墙之间应预留宽度为 30 mm 的缝隙,缝内填塞聚苯乙烯泡沫塑料,并应用密封材料嵌填密实。

1.1.6 施工质量标准与检查评价

1)质量缺陷、原因及防治措施

(1)搭接缝过窄或黏结不牢

原因:采用热熔法铺贴高聚物改性沥青防水卷材时,未事先在找平层上弹出控制线,致使搭接缝宽窄不一;热熔粘贴时未将搭接缝处的铝箔烧净,铝箔成了隔离层,从而使卷材搭接缝黏结不牢；粘贴搭接缝时未进行认真的排气、碾压；未按规范规定对每幅卷材的搭接缝处用密封材料封严。

防治措施：卷材条盖缝法。具体做法是：沿搭接缝在每边 150 mm 范围内用喷灯等工具将卷材上面自带的保护层（铝箔、PE 膜等）烧尽，然后在上面粘贴一条宽 300 mm 的同类卷材。每条盖缝卷材在一定长度内（约 200 mm），应在端头留出宽约 100 mm 的缺口，以便由此口排出屋面上的积水。

（2）卷材起鼓

原因：因加热温度不均匀，致使卷材与基层之间不能完全密贴，形成部分卷材脱落与起鼓；卷材铺贴时压实不紧，残留的空气未全部赶出。

防治措施：高聚物改性沥青防水卷材施工时，火焰加热要均匀、充分、适度。在操作时，不能让火焰停留在一个地方的时间过长，应沿着卷材宽度方向缓缓移动，使卷材横向受热均匀。其次，要求加热充分，温度适中，并要掌握加热程度，以热熔后的沥青胶出现黑色光泽、发亮并有微泡现象为度，然后要趁热推滚，排尽空气。卷材被热熔粘贴后，要在卷材尚处于较柔软状态时，及时进行滚压。滚压时间可根据施工环境、气候条件适当调节。气温高则冷却慢，滚压时间宜稍迟；气温低则冷却快，滚压时间宜提早。另外，加热与滚压的操作要配合默契，使卷材与基层紧密接触，排尽空气，而在铺压时用力又不宜过大，以确保黏结牢固。

（3）转角、立面和卷材接缝处黏结不牢

原因：高聚物改性沥青防水卷材厚度较大、质地较硬，在屋面转角以及立面部位（如女儿墙），因铺贴卷材比较困难，又不易压实，加之屋面两个方向变形不一致和自重下垂等因素，常易出现脱空与黏结不牢等现象。热熔卷材表面一般都有一层防黏隔离层，在黏结搭接缝时，未能将隔离层用喷枪熔烧掉，是导致接缝处黏结不牢的主要原因。

防治措施：基层必须做到平整、坚实、干净、干燥。涂刷基层处理剂，并要求涂刷均匀一致，无空白、漏刷现象，但切勿反复涂刷。屋面转角处应按规定增加卷材附加层，并注意与原设计的卷材防水层相互搭接牢固，以适应不同方向的结构和温度变形。对于立面铺贴的卷材，应将卷材的收头固定于立面的凹槽内，并用密封材料嵌填封严。卷材与卷材之间的搭接缝，也应用密封材料封严。密封材料应在缝口抹平，使其形成明显的沥青条带。

（4）卷材防水层的开裂

原因：找平层强度低，质量比较差；屋面的面积大，分格缝设置不合理；砂浆找平层干湿变化大，导致开裂；还有环境温度变化无常，导致混凝土开裂或砂浆开裂等原因。

防治措施：对于防水卷材开裂的修补，实际工程中一般是根据损坏的程度来选择修补方法。屋面防水层损害程度较轻、面积较小时，可以采用密封材料补缝的方法。通常的做法是：首先切除卷材防水层裂缝处两边各 50 mm 宽的找平层，深度方向不小于 30 mm，然后灌热聚氯乙烯胶泥并且高出屋面 3 mm。对于屋面防水卷材损害比较严重的情况，一般需重新设置防水层，在重新设置防水层之前，通常要求施工方在施工中设附加增强层。屋面卷材防水增强层一般采用 200～300 mm 宽、1.2 mm 厚的高分子卷材或 3 mm 厚的改性沥青卷材单边点粘在屋面板端处，最后铺贴大面积防水层。

2)施工质量标准与检查评价

(1)屋面工程检验批

屋面工程各分项工程应按屋面面积每500~1 000 m² 划分为一个检验批,不足500 m² 为一个检验批。各子分部工程每个检验批的抽检数量见表1.19。

屋面工程施工时,应建立各道工序的自检、交接检和专职人员检查的"三检"制度,并应有完整的检查记录。每道工序施工完成后,应经监理单位或建设单位检查验收,并在合格后才能进行下道工序的施工。

表 1.19　各子分部工程每个检验批的抽检数量

分部工程	子分部工程	抽检数量
屋面工程	基层与保护	按每100 m² 抽查一处,每处10 m²,且不得少于3 处
	保温与隔热	按每100 m² 抽查一处,每处10 m²,且不得少于3 处
	防水与密封	防水工程:按每100 m² 抽查一处,每处10 m²,且不得少于3 处; 接缝密封工程:每50 m 抽查一处,每处应为5 m,且不得少于3 处
	瓦面与板面	按每100 m² 抽查一处,每处10 m²,且不得少于3 处
	细部构造	全数检查

当进行下道工序或相邻工程施工时,应对屋面已完成的部分采取保护措施。伸出屋面的管道、设备或预埋件等,应在保温层和防水层施工前安设完毕。屋面保温层和防水层完工后,不得进行凿孔、打洞或重物冲击等有损屋面的作业。

(2)卷材防水层质量标准和检验方法

卷材防水层质量标准和检验方法(主控项目、一般项目)见表1.20 和表1.21。

表 1.20　卷材防水层质量标准和检验方法(主控项目)

项次	项　目		质量要求或允许偏差	检验方法
1	主控项目	材料质量	防水卷材及其配套材料的质量,应符合设计要求	检查出厂合格证、质量检验报告和进场检验报告
2		屋面渗漏	卷材防水层不得有渗漏和积水现象	雨后观察或淋水、蓄水试验
3		细部构造	卷材防水层在檐口、檐沟、天沟、水落口、泛水、变形缝和伸出屋面管道的防水构造,应符合设计要求	观察检查

表 1.21 卷材防水层质量标准和检验方法(一般项目)

项次	项 目		质量要求或允许偏差	检验方法
4	一般项目	搭接缝	卷材的搭接缝应黏结或焊接牢固,封闭应严密,不得有扭曲、皱褶和起泡	观察检查
5		收头	卷材防水层的收头应与基层黏结,钉压牢固,封闭应严密,不得翘边	观察检查
6		防水层铺贴	卷材防水层的铺贴方向应正确,卷材搭接宽度的允许偏差为 −10 mm	观察和尺量检查
7		排汽构造	屋面排汽构造的排汽道应纵横贯通,不得堵塞;排汽管应安装牢固,位置应正确,封闭应严密	观察检查

(3)接缝密封防水质量标准和检验方法

接缝密封防水质量标准和检验方法见表 1.22。

表 1.22 接缝密封防水质量标准和检验方法

项次	项 目		质量要求或允许偏差	检验方法
1	主控项目	材料质量	密封涂料及其配套材料的质量,应符合设计要求	检查出厂合格证、质量检验报告和进场检验报告
2		密封材料嵌填	应密实、连续、饱满,黏结牢固,不得有气泡、开裂、脱落等缺陷	观察检查
3		密封防水部位基层	应符合《规范》第6.5.1条的规定	观察检查
4	一般项目	接缝宽度、深度	接缝宽度和密封材料的嵌填深度应符合设计要求,接缝宽度的允许偏差为±10%	尺量检查
5		外观质量	嵌填的密封材料表面应平滑,缝边应顺直,应无明显不平和周边污染现象	观察检查

注:表中《规范》是指《屋面工程质量验收规范》(GB 50207—2012)。

(4)细部构造工程检验方法

细部构造工程各分项工程的每个检验批应全数进行检验。

①檐口质量标准和检验方法见表 1.23。

表 1.23　檐口质量标准和检验方法

项次	项　目		质量要求或允许偏差	检验方法
1	主控项目	防水构造	檐口的防水构造应符合设计要求	观察检查
2		渗漏	檐口部位不得有渗漏和积水现象	雨后观察或淋水试验
3		排水坡度	檐口的排水坡度应符合设计要求	坡度尺检查
4	一般项目	收头	卷材收头应在找平层的凹槽内用金属压条钉压固定,并应用密封材料封严;涂膜收头应用防水涂料多遍涂刷	观察检查
5		檐口端部	檐口端部应抹聚合物水泥砂浆,其下部应同时做鹰嘴和滴水槽	观察检查

②檐沟、天沟质量标准和检验方法见表 1.24。

表 1.24　檐沟、天沟质量标准和检验方法

项次	项　目		质量要求或允许偏差	检验方法
1	主控项目	防水构造	檐沟、天沟的防水构造应符合设计要求	观察检查
2		渗漏	檐沟、天沟部位不得有渗漏和积水现象	雨后观察或淋水试验
3		排水坡度	檐沟、天沟的排水坡度应符合设计要求	坡度尺检查
4		附加层	檐沟、天沟附加层铺设应符合设计要求	观察和尺量检查
5	一般项目	收头	檐沟防水层应由沟底翻上至外侧顶部,卷材收头应用金属压条钉压固定,并应用密封材料封严;涂膜收头应用防水涂料多遍涂刷	观察检查
6		檐口端部	檐沟外侧顶部及侧面均应抹聚合物水泥砂浆,其下部应做成鹰嘴或滴水槽	观察检查

③女儿墙和山墙质量标准和检验方法见表 1.25。

表 1.25 女儿墙和山墙质量标准和检验方法

项次	项	目	质量要求或允许偏差	检验方法
1	主控项目	防水构造	女儿墙和山墙的防水构造应符合设计要求	观察检查
2		渗漏	女儿墙和山墙的根部不得有渗漏和积水现象	雨后观察或淋水试验
3		压顶做法	女儿墙和山墙的压顶做法应符合设计要求。压顶向内排水坡度不应小于 5%,压顶内侧下端应做鹰嘴或滴水槽	观察和坡度尺检查
4		附加层	女儿墙和山墙的泛水高度及附加层铺设应符合设计要求	观察和尺量检查
5	一般项目	收头	低女儿墙泛水处的卷材防水层可直接铺贴或涂刷至压顶下,卷材收头应用金属压条固定,并用密封材料封严;涂膜收头应用防水涂料多遍涂刷。高女儿墙的卷材防水层泛水高度不应小于 250 mm,泛水上部的墙体应做泛水处理	观察检查

④水落口质量标准和检验方法见表 1.26。

表 1.26 水落口质量标准和检验方法

项次	项	目	质量要求或允许偏差	检验方法
1	主控项目	防水构造	水落口的防水构造应符合设计要求	观察检查
2		渗漏	水落口杯上口应设在沟底最低处,水落口处不得有渗漏和积水现象	雨后观察或淋水试验
3		安装	水落口的数量和位置均应符合设计要求,水落口杯应安装牢固	观察和手扳检查
4	一般项目	坡度	水落口周围直径 500 mm 范围内坡度不应小于 5%,水落口周围的附加层铺设应符合设计要求	观察和尺量检查
5		收头	防水层及附加层伸入水落口杯内不应小于 50 mm,并应黏结牢固	观察和尺量检查

⑤变形缝质量标准和检验方法见表 1.27。

表 1.27　变形缝质量标准和检验方法

项次	项	目	质量要求或允许偏差	检验方法
1	主控项目	防水构造	变形缝的防水构造应符合设计要求	观察检查
2		渗漏	变形缝处不得有渗漏和积水现象	雨后观察或淋水试验
3	一般项目	附加层	变形缝的泛水高度及附加层铺设应符合设计要求	观察和尺量检查
4		防水层	防水层应铺贴或涂刷至泛水墙的顶部	观察检查
5		等高变形缝	等高变形缝顶部宜加扣混凝土或金属盖板。混凝土盖板的接缝应用密封材料封严;金属盖板应铺钉牢固,搭接缝应顺流水方向,并应做好防锈处理	观察检查
6		高低跨变形缝	高低跨变形缝在高跨墙面上的防水卷材封盖和金属盖板,应用金属压条钉压固定,并用密封材料封严	观察检查

⑥伸出屋面管道质量标准和检验方法见表 1.28。

表 1.28　伸出屋面管道质量标准和检验方法

项次	项	目	质量要求或允许偏差	检验方法
1	主控项目	防水构造	伸出屋面管道的防水构造应符合设计要求	观察检查
2		渗漏	伸出屋面管道的根部不得有渗漏和积水现象	雨后观察或淋水试验
3	一般项目	附加层	伸出屋面管道的泛水高度及附加层铺设应符合设计要求	观察和尺量检查
4		坡度	伸出屋面管道周围的找平层应抹出高度不小于 30 mm 的排水坡	观察和尺量检查
5		收头	卷材防水层收头处应用金属箍固定,并用密封材料封严,涂膜防水层收头处应用防水涂料多遍涂刷	观察检查

(5)检验批质量验收合格规定

①主控项目的质量应经抽查检验合格。

②一般项目的质量应经抽查检验合格;有允许偏差值的项目,其抽查点应有 80% 及以上

在允许偏差范围内,且最大偏差值不得超过允许偏差值的 1.5 倍。

(6)屋面工程验收资料和记录

屋面工程验收资料和记录资料项目见表 1.29。

表 1.29　屋面工程验收资料和记录

资料项目	验收资料
防水设计	设计图纸及会审记录、设计变更通知单和材料代用核定单
施工方案	施工方法、技术措施、质量保证措施
技术交底记录	施工操作要求及注意事项
材料质量证明文件	出厂合格证、型式检验报告、出厂检验报告、进场验收记录和进场检验报告
施工日志	逐日施工情况
工程检验记录	工序交接检验记录、检验批质量验收记录、隐蔽工程验收记录、淋水或蓄水试验记录、观感质量检查记录、安全与功能抽样检验(检测)记录
其他技术资料	事故处理报告、技术总结

(7)隐蔽工程验收

隐蔽工程验收的内容如下:

- 卷材、涂膜防水层的基层;
- 保温层的隔汽和排汽措施;
- 保温层的铺设方式、厚度,板材缝隙填充质量及热桥部位的保温措施;
- 接缝的密封处理;
- 瓦材与基层的固定措施;
- 檐沟、天沟、泛水、水落口和变形缝等细部做法;
- 在屋面易开裂和渗水部位的附加层;
- 保护层与卷材、涂膜防水层之间的隔离层;
- 金属板材与基层的固定和板缝间的密封处理;
- 坡度较大时,防止卷材和保温层下滑的措施。

屋面卷材防水工程施工完毕后,先由施工班组自行按照屋面卷材防水施工质量验收规范进行质量检查和验收,然后各班组之间进行互检,并提交验收表格,最后由工程技术人员组织各班组进行验收。

1.1.7　安全与环保

1)施工安全技术

屋面防水工程施工属于高空作业,热熔法属于高温施工,而且大部分防水材料易燃并含有一定的毒性,因此必须采取必要的措施,防止发生火灾、中毒、烫伤、坠落等工伤事故。

①屋面工程施工必须符合下列安全规定:

a.严禁在雨天、雪天和五级风及以上时施工。

b.屋面周边和预留孔洞部位,必须按临边、洞口防护规定设置安全护栏和安全网。

c.屋面坡度大于30%时,应采取防滑措施。

d.施工人员应穿防滑鞋,特殊情况下无可靠安全措施时,操作人员必须系好安全带并扣好保险钩。

②屋面工程施工的防火安全应符合下列规定:

a.可燃类防水、保温材料进场后,应远离火源;露天堆放时,应采用不燃材料完全覆盖。

b.防火隔离带施工应与保温材料施工同步进行。

c.不得直接在可燃类防水、保温材料上进行热熔或热粘法施工。

d.喷涂硬泡聚氨酯作业时,应避开高温环境;施工工艺、工具及服装等应采取防静电措施。

e.施工作业区应配备消防灭火器材。

f.火源、热源等火灾危险源应加强管理。

g.屋面上需要进行焊接、钻孔等施工作业时,周围环境应采取防火安全措施。

③改性沥青卷材防水层铺贴立面或大坡面时,应采用满贴法,并应尽量减少短边搭接,以利于黏结牢固和防止卷材下滑。

④铺贴应注意根据胶黏剂的性能,控制胶黏剂涂刷与卷材铺贴的间隔时间,以免影响粘贴力和黏结的可靠性。

⑤采用热熔法铺贴卷材,应注意使火焰加热器的喷嘴距卷材面的距离适中,幅宽内加热应均匀,以卷材表面熔融至光亮黑色为度,应防止过分加热或烧穿卷材。

⑥配备足够的消防器材,一般每个气瓶配一个灭火器。

⑦连接石油液化气瓶与喷枪的燃气胶管长度要适当,一般取20 m左右。点火前,应先关闭喷枪开关,然后旋开燃气瓶开关,检查各连接部位是否有漏气,确认无误后才可点燃喷枪。点火时,必须做到"火等气",即使用时将火源送至排气口处再打开气阀。

⑧石油液化气瓶放置要平稳。夏天高温天气要有防晒措施。

⑨不能私自拆调减压阀,不能卧放、倒放石油气瓶。如遇瓶中液化气体不多、压力下降、喷枪火力不足时,必须送到专门的换气站换气,不能私自倾倒残液和自行倒气过罐。切忌用喷枪火焰加热,以防爆炸。

⑩因喷枪火焰温度极高,所以在使用过程中,持枪人要小心谨慎、专心细致,严禁火焰头朝人,以免烧伤别人或自己。特别在夏天强烈的阳光下,难以看清火头,在整个施工过程中尤其要注意。

⑪使用喷枪时,人员不能离开,必须做到"枪不离手"。施工中途休息时,要关闭喷枪和钢瓶开关,以免火被吹灭后发生漏气事故。每次使用后,必须关闭气瓶放回专门仓库妥善保管。

⑫卷材铺贴完后,应及时做好保护层,不得持任何硬物在卷材上拖行,不得堆放重物、硬物。

⑬做保护层时,运送材料的小车等运输工具必须用充气胶轮。

⑭施工人员进入卷材施工地带必须穿软底胶鞋、工作服、戴安全帽、手套等,必要时要准备有关的防毒、防护、安全用具。

⑮配备的消防灭火器材要专人保管、专人维修、定期检查,保证器材的完好率为100%。

⑯严格按照现场的布局划分用火作业区、易燃材料区、生活区,保持防火间距。

⑰建立现场明火管理制度。

2) 环保要求及措施

施工现场管理应当清洁无尘、无污染、无积水、低噪声、绿色、环保,主要有以下环保要求及措施:

①加强环保意识,合理安排作业时间,尽量减少人为的施工噪声,通过严格管理,最大限度地减少噪声扰民。

②对施工中产生的施工垃圾,如包装纸、塑料桶、基层清理的垃圾等,应立即回收,送至垃圾站。

③施工垃圾、生活垃圾应分类存放,生活垃圾应分袋装,严禁乱扔垃圾、杂物;及时清运垃圾,保持生活区的干净、整洁;严禁在工地上燃烧垃圾。

④对废料、旧料做到每日清理回收,现场施工垃圾设专车及时清运。

⑤施工现场保证道路畅通,保证排水沟、排水设施通畅。

子项 1.2 涂膜防水屋面施工

涂膜防水屋面是在屋面基层上涂刷防水涂料,经固化后形成一层有一定厚度和弹性的整体涂膜,从而达到防水目的的一种防水屋面形式。由于涂膜防水层成膜的优劣与外部条件有着密切关系,直接影响着屋面防水工程的质量,因此涂膜防水施工对气候、温度、基层等外部条件的要求比卷材防水更为严格。图 1.36 即为涂膜防水屋面施工。

图 1.36 涂膜防水屋面施工

1.2.1 导入案例

工程概况:某机关砖混结构大门。大门总高度为 7.65 m,底层架空,第二层层高为 2.55 m。无组织排水,单坡不上人平屋面。屋面做法:刷浅色丙烯酸涂料二遍,3 mm 厚 (二布八涂)氯丁橡胶沥青防水涂料,20 mm 厚 1∶2.5 水泥砂浆找平层,20 mm 厚(最薄处)1∶8水泥珍珠岩找2%坡,150 mm 厚水泥珍珠岩,钢筋混凝土屋面板,表面清扫干净。屋顶平面图见图 1.37。

本工程主体工程施工完毕,施工现场满足屋面防水工程施工要求。屋面工程图纸通过

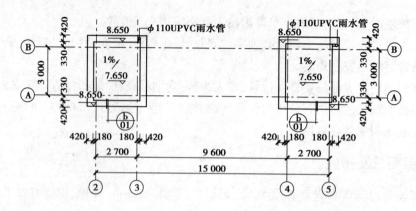

图 1.37 大门屋顶平面图

会审,编制了屋面工程的施工方案。防水材料:氯丁橡胶沥青防水涂料、氯丁橡胶沥青防水涂料辅助材料等。现场条件:预埋件已安装完毕,牢固。找平层排水坡度符合设计要求,强度、表面平整度符合规范规定,转角处抹成了圆弧形。施工负责人已向班组进行技术交底。现场专业技术人员、质检员、安全员、防水工等准备就绪。

1.2.2 本子项教学目标

1)知识目标

了解常用防水涂料的适用范围及鉴别方法;熟悉涂膜防水屋面的构造层次和细部构造;掌握涂膜防水屋面的施工工艺。

2)能力目标

能够描述常见防水涂料的种类特点及使用范围;能够根据工程特点及资源条件编制涂膜防水屋面施工方案;能够组织屋面涂膜防水工程施工;能够进行屋面涂膜防水工程质量检查与验收;能够组织屋面涂膜防水安全施工;能够对进场材料进行质量检验。

3)品德素质目标

具有良好的政治素质和职业道德;具有良好的工作态度和责任心;具有良好的团队合作能力;具有组织、协调和沟通能力;具有较强的语言和书面表达能力;具有查找资料、获取信息的能力;具有开拓精神和创新意识。

1.2.3 涂膜防水屋面构造

1)涂膜防水屋面构造层次

涂膜防水屋面是用防水材料涂刷在屋面基层上,利用涂料干燥或者固化后的不透水性来达到防水的目的。涂膜防水屋面的典型构造层次如图1.38所示。具体施工哪些层次,可根据设计要求确定。涂膜防水屋面节点构造详见建筑识图与构造课程,以及本项目1.1.3卷材防水屋面构造。

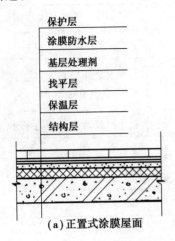

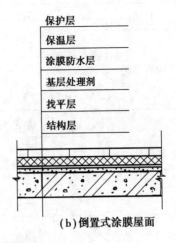

图 1.38　涂膜防水屋面构造

2）檐口

涂膜防水屋面檐口的涂膜收头,应用防水涂料多遍涂刷。檐口下端应做鹰嘴和滴水槽,见图1.39。

1.2.4　使用材料与机具知识

1）主要材料

（1）防水涂料的分类

防水涂料是一种流态或半流态物质,涂布在基层表面,经溶剂或水分挥发或各组分间的化学反应,形

图 1.39　涂膜防水屋面檐口
1—涂料多遍涂刷;2—涂膜防水层;
3—鹰嘴;4—滴水槽;5—保温层

成有一定弹性和一定厚度的连续薄膜,使基层与水隔绝,起到防水、防潮的作用。

防水涂料固化成膜后的防水涂料具有良好的防水性能,特别适用于各种复杂、不规则部位的防水,能形成无接缝的完整防水膜。由于它大多采用冷施工,不必加热熬制,因此既减少了环境污染、改善了劳动条件,又便于施工操作,加快了施工进度。此外,涂布的防水涂料既是防水的主体,又是胶黏剂,因而施工质量容易保证,维修也比较简单。但是,防水涂料必须采用刷子或刮板等逐层涂刷（刮）,故防水膜的厚度较难保持均匀一致。防水涂料广泛应用于工业与民用建筑的屋面防水工程、地下室防水工程和地面防潮、防渗等。

防水涂料按液态类型可分为溶剂型、水乳型和反应型三种;按成膜物质的主要成分可分为沥青类、高聚物改性沥青类和合成高分子类,见表1.30。

①乳液型防水涂料。乳液型防水涂料为单组分水乳型防水涂料,涂料涂刷在建筑物上以后,随着水分的挥发而成膜。

表 1.30　防水涂料的分类

类别	种类	材性类型			品名举例
防水涂料	沥青基类	溶剂型			沥青涂料
		水乳型			石灰膏乳化沥青、水性石棉沥青、乳化沥青、黏土乳化沥青
	高聚物改性沥青类	溶剂型			氯丁橡胶沥青类、再生橡胶沥青类
		水乳型			水乳型氯丁橡胶沥青类、水乳型再生橡胶沥青类
		热熔型			SBS 改性沥青防水涂料
	合成高分子类	合成树脂类	单组分型	溶剂型	丙烯酸酯类
				水乳型	丙烯酸酯类
			双组分反应型		环氧树脂类
					焦油环氧树脂类
		合成橡胶类	单组分型	溶剂型	氯磺化聚乙烯橡胶类、氯丁橡胶类
				水乳型	氯丁、丁苯、丙烯酸酯、硅橡胶
				反应型	聚氨酯类
			双组分反应型		聚氨酯类、焦油聚氨酯类、沥青聚氨酯类、聚硫橡胶、反应型聚合物水泥、聚脲
		水泥类			聚合物水泥类
					无机盐水泥类

　　乳液型防水涂料的主要成膜物质高分子材料是以极微小的颗粒(而不是呈分子状态)稳定悬浮(而不是溶解)在水中,而成为乳液状涂料的。该类涂料施工工艺简单方便,成膜过程靠水分挥发和乳液颗粒融合完成,无污染,施工安全。其防水性能基本上能满足建筑工程的需要,价格也较便宜,是防水涂料发展的方向。

　　乳液型防水涂料的品种繁多,主要有:水乳型阳离子氯丁橡胶沥青防水涂料,水乳型再生橡胶沥青防水涂料,聚丙烯酸酯乳液防水涂料,EVA(乙烯-醋酸乙烯酯共聚物)乳液防水涂料,水乳型聚氨酯防水涂料,有机硅改性聚丙烯酸酯(硅丙)乳液防水涂料等。

　　含沥青的防水涂料价格便宜,但涂膜较脆,耐老化性能也差,且颜色只能是黑色,不能满足现代建筑的要求;聚丙烯酸酯乳液防水涂料的品种有纯丙乳液防水涂料、苯丙乳液防水涂料等多种,其防水功能逊于聚氨酯防水涂料,但价格适中,色彩多样,目前是我国乳液防水涂料的主流;硅丙乳液防水涂料的综合性能良好,价格比较适中,且涂膜表面不易沾污,在进一步解决某些制备技术上的问题后,则很可能成为水乳型防水涂料的主流;水乳型聚氨酯防水涂料的防水性能优于聚丙烯酸酯乳液防水涂料,但由于聚合技术的原因,水乳型聚氨酯乳液的稳定性有待进一步提高。

②溶剂型防水涂料。溶剂型防水涂料中作为主要成膜物质的高分子材料是以溶解于(以分子状态存在于)有机溶剂中所形成的溶液为基料,加入颜填料、助剂制备而成的。它是依靠溶剂的挥发或涂料组分间化学反应成膜的,因此施工基本上不受气温影响,可在较低温度下施工。其涂膜结构紧密,强度高,弹性好,因此防水性能优于水乳型防水涂料,但在施工和使用中会产生大量的易燃、易爆、有毒的有机溶剂,对人体和环境有较大的危害,因此近年来其应用逐步受到限制。

溶剂型防水涂料的主要品种有溶剂型氯丁橡胶沥青防水涂料、溶剂型氯丁橡胶防水涂料、溶剂型氯磺化聚乙烯防水涂料等多种。

③反应型防水涂料。反应型防水涂料是通过液态的高分子预聚物与相应的物质发生化学反应成膜的一类涂料,涂料中作为主要成膜物质的高分子材料是以预聚合物液态形态存在的。反应型防水涂料通常也属于溶剂型防水涂料范畴,但由于其成膜过程具有特殊性,因此单独列为一类。反应型防水涂料通常为双组分包装,其中一个组分为主要成膜物质,另一个组分一般为胶黏剂,施工时将两种组分混合后即可涂刷。在成膜过程中,成膜物质与固化剂发生反应而胶黏成膜。反应型防水涂料几乎不含溶剂,其涂膜的耐水性、弹性和耐老化性通常都较好,防水性能也是目前所有防水涂料中最好的。反应型防水涂料的主要品种有聚氨酯防水涂料和环氧树脂防水涂料两大类。其中环氧树脂防水涂料的防水性能良好,但涂膜较脆,用羧基丁腈橡胶改性后韧性增加,但价格较贵,且耐老化性能不如聚氨酯防水涂料。反应型聚氨酯防水涂料的综合性能良好,是目前我国防水涂料中最佳的品种之一。反应型聚氨酯防水涂料有焦油型和非焦油型两种,焦油型聚氨酯防水涂料因其基料中含有对人体有害的煤焦油,目前已经禁止使用。非焦油性聚氨酯防水涂料是以聚醚和异氰酸酯预聚体为主要成分配合而成的,其涂层的柔性性、耐老化性和防水性能均较好。以 TDI 为原料制备的聚氨酯防水涂料在室外的耐候性较差,一般只能用于室内和地下工程的防水;以 MDI 等脂肪族异氰酸酯为原料的聚氨酯防水涂料耐候性较好,主要应用于室外的防水工程。

乳液型、溶剂型和反应型三类防水涂料的主要性能特点见表 1.31。

表 1.31　乳液型、溶剂型和反应型三类防水涂料的主要性能特点

种类	成膜特点	施工特点	储存及注意事项
乳液型	通过水分蒸发,高分子材料经过固体微粒靠近、接触、变形等过程而成膜,涂层干燥较慢,一次成膜的致密性较溶剂型涂料低	施工较安全,操作简单,不污染环境,可在较为潮湿的找平层上施工,一般不宜在 5 ℃以下的气温下施工,生产成本较低	储存期一般不宜超过半年,产品无毒、不燃,生产及储存使用均比较安全
溶剂型	通过溶剂的挥发,经过高分子材料的分子链接触、搭接等过程而成膜,涂层干燥快,结膜较薄而致密	溶剂苯有毒,对环境有污染,人体易受侵害。施工时应具备良好的通风环境,以保证人身安全	涂料储存的稳定性较好,应密封存放,产品易燃、易爆、有毒,生产、运输、储存和施工均应注意安全,注意防火

续表

种类	成膜特点	施工特点	储存及注意事项
反应型	通过液态的高分子预聚物与固化剂等辅料发生化学反应而成膜,可一次形成致密的较厚涂膜,几乎无收缩	施工时,需在现场按规定配方进行准确配料,且搅拌应均匀,方可保证施工质量,价格较贵	双组分涂料每组分需分别桶装,密封存放,产品有异味,生产、运输、储存和施工时均应注意防火

根据防水涂料的组分不同,一般可分为单组分防水涂料和双组分防水涂料两类。单组分防水涂料按液态不同,一般有溶剂型、水乳型两种;双组分防水涂料则以反应型为主。

防水涂料按其涂膜功能可分为防水涂膜和保护涂膜两大类,前者主要有聚氨酯、氯丁橡胶、丙烯酸、硅橡胶、改性沥青等;按涂膜厚度分为薄质涂膜和厚质涂膜;按施工方法分为刷涂法、喷涂法、抹压法和刮涂法;按防水层胎体分为单纯涂膜层和加胎体增强材料涂膜(加玻璃丝布、化纤、聚酯纤维毡),可做成一布二涂、二布三涂、多布多涂。

建筑防水涂料按其防水机理可分为两类:其一为涂膜型,其二为憎水型。

建筑防水涂料按其在建筑物上的使用部位不同,可分为屋面防水涂料、立面防水涂料、地下工程防水涂料等几类。

由于建筑防水涂料品种繁多、应用部位广泛,因而各种习惯分类方法经常相互交叉地使用。

防水涂料的选择规定有:防水涂料可按合成高分子防水涂料、聚合物水泥防水涂料和高聚物改性沥青防水涂料选用,其外观质量和品种、型号应符合国家现行有关材料标准的规定;应根据当地历年最高气温、最低气温、屋面坡度和使用条件等因素,选择耐热性、低温柔性相适应的涂料;应根据地基变形程度、结构形式、当地年温差、日温差和振动等因素,选择拉伸性能相适应的涂料;应根据屋面涂膜的暴露程度,选择耐紫外线、耐老化相适应的涂料;屋面坡度大于 25% 时,应选择成膜时间较短的涂料。

(2)常用防水涂料介绍

①高聚物改性沥青防水涂料。高聚物改性沥青防水涂料是以沥青为基料,用合成高分子聚合物进行改性,制成的水乳型或溶剂型防水涂料。这类涂料在柔韧性、抗裂性、拉伸强度、耐高低温性能、使用寿命等方面比沥青类涂料有了很大的改善。其品种有再生橡胶改性沥青防水涂料、水乳型氯丁橡胶沥青防水涂料、SBS 橡胶改性沥青防水涂料等。

高聚物改性沥青防水涂料检验要求:材料现场抽样数量每 10 t 为一批,不足 10 t 按一批抽样。

外观质量:水乳型要求无色差、凝胶、结块、明显沥青丝;溶剂型要求呈黑色黏稠状,为细腻、均匀胶状液体。

物理性能检验项目:固体含量、耐热性、低温柔性、不透水性、断裂伸长率或抗裂性。

高聚物改性沥青防水涂料的主要性能指标应符合表 1.32 的要求,执行 GB 50207—2012。每道涂膜防水层最小厚度应符合表 1.33 的规定。

表 1.32 高聚物改性沥青防水涂料主要性能指标

项 目		指 标	
		水乳型	溶剂型
固体含量(%)		≥45	≥48
耐热性(80 ℃,5 h)		无流淌、起泡、滑动	
低温柔性(℃,2 h)		−15,无裂纹	−15,无裂纹
不透水性	压力(MPa)	≥0.1	≥0.2
	保持时间(min)	≥30	≥30
断裂伸长率(%)		≥600	
抗裂性(mm)		—	基层裂缝 0.3 mm,涂膜无裂纹

表 1.33 每道涂膜防水层最小厚度 单位:mm

防水等级	合成高分子防水涂膜	聚合物水泥防水涂膜	高聚物改性沥青防水涂膜
Ⅰ 级	1.5	1.5	2.0
Ⅱ 级	2.0	2.0	3.0

②合成高分子防水涂料。合成高分子防水涂料是指以合成橡胶或树脂为主要成膜物质制成的单组分或多组分的防水涂料。这类涂料具有高弹性、高耐久性及优良的耐高温性能,品种有高聚氨酯防水涂料、丙烯酸酯防水涂料、聚合物水泥涂料和有机硅防水涂料等。

合成高分子防水涂料检验批:材料现场抽样数量,每 10 t 为一批,不足 10 t 按一批抽样。

外观质量:反应固化型要求呈均匀黏稠状,无凝胶、结块。

挥发固化型要求:经搅拌后无结块,呈均匀状态。

物理性能检验项目要求:固体含量、拉伸强度、断裂伸长率、低温柔性、不透水性。

合成高分子防水涂料的主要性能指标应符合表 1.34 和表 1.35 的要求。

表 1.34 合成高分子防水涂料(反应固化型)主要性能指标

项 目		指 标	
		Ⅰ 类	Ⅱ 类
固体含量(%)		单组分≥80;多组分≥92	
拉伸强度(MPa)		单、多组分≥1.9	单、多组分≥2.45
断裂伸长率(%)		单组分≥550;多组分≥450	单、多组分≥450
低温柔性(℃,2 h)		单组分-40;多组分-35,无裂纹	
不透水性	压力(MPa)	≥0.3	
	保持时间(min)	≥30	

注:产品按拉伸性能分Ⅰ类和Ⅱ类。

表 1.35　合成高分子防水涂料(挥发固化型)主要性能指标

项　目		指　标
固体含量(%)		≥65
拉伸强度(MPa)		≥1.5
断裂伸长率(%)		≥300
低温柔性(℃,2 h)		-20,无裂纹
不透水性	压力(MPa)	≥0.3
	保持时间(min)	≥30

　　单组分、多组分聚氨酯防水涂料执行国家标准《聚氨酯防水涂料》(GB/T 19250—2003)。

　　•单组分聚氨酯防水涂料

　　单组分聚氨酯防水涂料主要用于屋面、地下工程、浴厕间等的防水和渗漏修补,见图1.40。单组分聚氨酯防水涂料属于固化反应型高分子防水涂料,该涂料固化后形成富有弹性的整体防水胶膜,具有优异的拉伸强度、延伸率和不透水性,与水泥混凝土有较强的黏结力。单组分聚氨酯防水涂料主要性能指标见表1.36。

表 1.36　单组分聚氨酯防水涂料主要性能指标

序号	项　目	指　标
1	拉伸强度(MPa)	≥1.90
2	断裂伸长率(%)	≥550
3	不透水性(0.3 MPa,30 min)	不透水
4	低温弯折性(40 ℃)	无裂纹
5	固体含量(%)	≥80

图 1.40　单组分聚氨酯防水涂料

图 1.41　双组分聚氨酯防水涂料

　　•多组分聚氨酯防水涂料

　　多组分聚氨酯防水涂料属于固化反应型高分子防水涂料,该涂料固化后形成富有弹性的整体防水胶膜,具有优异的拉伸强度、延伸率和不透水性,与水泥混凝土有较强的黏结力。该产品主要用于屋面、地下工程、浴厕间等的防水和渗漏修补,其主要技术性能指标见表1.37。双组分聚氨酯防水涂料见图1.41。

表 1.37 多组分聚氨酯防水涂料主要性能指标

序号	项　目	指　标
1	拉伸强度(MPa)	≥1.90
2	断裂伸长率(%)	≥550
3	不透水性(0.3 MPa,30 min)	不透水
4	低温弯折性(-35 ℃)	无裂纹
5	固体含量(%)	≥92

③聚合物水泥防水涂料。聚合物水泥防水涂料又称 JS 防水涂料,是以丙烯酸酯、乙烯-醋酸乙烯酯等聚合物乳液和水泥为主要原材料,加入填料及其他助剂配制而成,经水分挥发和水泥水化反应固化成膜的一种双组分水性防水涂料。聚合物水泥防水涂料执行国家标准《聚合物水泥防水涂料》(GB/T 23445—2009),其主要性能指标见表 1.38。

表 1.38 聚合物水泥防水涂料主要性能指标

项　目		指　标
固体含量(%)		≥70
拉伸强度(MPa)		≥1.2
断裂伸长率(%)		≥200
低温柔性(℃,2h)		-10,无裂纹
不透水性	压力(MPa)	≥0.3
	保持时间(min)	≥30

聚合物水泥防水涂料作为一种环保型防水材料,具有有机材料弹性高和无机材料耐久性好的双重优点,又具有柔韧性好,黏结强度高,可在无明水的潮湿基层上直接施工,无毒、无害、无污染,施工简便等独特的性能,防水效果突出,因此近年来得到了快速发展和广泛的应用。

(3)胎体增强材料

屋面防水的薄弱部位(如天沟、檐沟、檐口、泛水等),是最容易产生渗漏的部位,必须在涂膜防水层中加设胎体增强材料的附加层。附加层可在基层发生龟裂时防止防水涂膜破裂或蠕变破裂,同时还可以防止涂膜流坠。大面积铺贴胎体增强材料时,在屋面坡度大于15%的基层,胎体增强材料可垂直于屋脊铺设,顺风搭接,以防止胎体增强材料下滑。顺风搭接时,长边的搭接宽度应不小于 50 mm,短边的搭接宽度不得小于 70 mm。采用两层胎体增强材料时,由于胎体材料的纵、横向延伸率不一致,所以上下层不得互相垂直铺设,以使整体防水层有一致的延伸率。搭接缝应错开,其间距应大于幅宽的 1/3,以避免重缝。铺贴时,应从屋面标高最低处的檐沟、檐口、天沟、女儿墙根部逐渐铺向屋面标高最高处的屋脊。

胎体增强材料的主要性能指标应符合表 1.39 的要求。

表 1.39　胎体增强材料主要性能指标

项　目		指　标	
		聚酯无纺布	化纤无纺布
外　观		均匀,无团状,平整无皱褶	
拉力(N/50 mm)	纵向	≥150	≥45
	横向	≥100	≥35
延伸率(%)	纵向	≥10	≥20
	横向	≥20	≥25

基层处理剂、胶黏剂、胶黏带主要性能指标应符合表 1.40 的要求。

表 1.40　基层处理剂、胶黏剂、胶黏带主要性能指标

项　目	指　标			
	沥青基防水卷材用基层处理剂	改性沥青胶黏剂	高分子胶黏剂	双面胶黏带
剥离强度(N/10 mm)	≥8	≥8	≥15	≥6
浸水 168 h 剥离强度保持率(%)	≥8 N/10 mm	≥8 N/10 mm	70	70
固体含量(%)	水性 40 溶剂性≥30	—	—	—
耐热性	80 ℃无流淌	80 ℃无流淌	—	—
低温柔性	0 ℃无裂纹	0 ℃无裂纹	—	—

2) 主要机具

涂膜防水屋面施工的主要施工机具见表 1.41。

表 1.41　涂膜防水屋面施工机具

类　型	名　称
配料工具	搅拌器、容器桶、开罐刀、磅秤等
清理工具	扫帚、小平铲、钢丝刷、抹布等
涂刷工具	卷尺、盒尺、剪刀、毛刷、滚刷、刮板、喷涂机械、铁抹子等
防护工具	工作服、安全帽、墨镜、手套、口罩、灭火器

1.2.5 涂膜防水屋面施工过程

1) 技术准备

技术准备包括图纸会审和学习,施工方案、技术措施和质量要求的制订,技术培训,检验项目和方法的确定等。

①防水工程图纸要通过各方会审,审查设计是否符合规范规定,设计图纸是否全面,防水层是否连续,设计选材是否合理,防水材料能否得到供应,施工能否达到设计要求。通过审查,使设计得到各方认同,使各方对防水设防有充分认识,使防水施工人员更了解设计者的意图和技术要点,熟悉屋面构造、细部节点构造、设防层次、采用的材料以及规定的施工工艺和技术要求;通过审查,使施工人员对不了解、不熟悉的技术、材料进行了学习,让他们更好地理解了防水的设防技术、防水材料的性能和使用条件以及施工技术和要点,同时也加深了对防水工程保证质量措施的理解。因此,图纸通过审查是保证防水工程施工质量的前提。

②施工前,防水工程专业施工队伍应根据设计图纸制订全面的施工方案。方案内容包括:具体的质量要求和目标,质量保证体系,施工程序,工艺安排,施工进度计划,劳力组织,保证质量的技术措施,技工培训和技术交底,成品保护及安全注意事项等。

③为了确保工程质量,将质量缺陷消灭在施工过程中,应事先确定检验程序和控制质量的关键工序,制订施工过程的质量保证措施和预控的项目、标准、检查方法,进行中间检验和工序检验。

④建立施工档案;做好施工记录。防水工程施工过程中应详细记录施工全过程,以作为今后维修的依据和总结经验教训的参考。记录应包括以下内容:

a.工程基本状况。包括工程项目、地点、性质、结构、层数、建筑面积,以及屋面防水面积、设计单位、屋面及防水层构造层次、防水层用材及单价等。

b.施工状况。包括施工单位、负责人、施工日期、气候、环境条件、基层及相关层质量、材料名称、材料质量、材料质量检验情况、材料用量及节点处理方法等。

⑤工程验收。包括中间验收、完工后的试水检验、检验批验收、分项工程验收、子分部或分部工程验收,以及施工过程中出现的质量问题和解决方法等。

⑥总结经验教训及改进意见。

2) 施工现场准备

①现场材料现场堆放,场地能够遮挡雨雪,材料分类堆放。

②现场无热源,对易燃易爆材料已设置警示牌并严禁烟火。

③找平层已检查验收,质量合格,含水率符合要求。

④消防设施齐全,安全设施、劳保用品能满足施工操作需要。

⑤屋面上一切需要安装的设施已安装就位。

⑥施工时气温不低于 5 ℃,否则应采用冬期施工措施,但气温亦不应高于 32 ℃。涂膜防水屋面施工应避开雨期进行,应保证 36 h 内无雨,且不可在有五级及以上的大风时进行施工。

3)材料与机具准备

（1）材料准备

根据现场实际情况、施工面积和施工进度计算施工期内各时期材料需要量,并按进度要求运到现场,核准材料出厂质量证明文件,检验品种、规格和物理性能是否符合设计要求,确定密封材料、增强材料、搭接材料、黏结材料等配套材料的性能、数量,小型工具应及时购置备足。

根据导入案例的屋面防水工程量,采用多组分聚氨酯防水涂料,编制主要防水材料需用量计划,可以参考表 1.42 的格式编写。

表 1.42　主要材料需用量计划

序　号	材料名称	规　格	单位	需用数量	用途
1 2 3 ⋮					

①聚氨酯防水涂料:所用聚氨酯防水涂料的技术性能应符合行业标准《聚氨酯防水涂料》（GB/T 19250—2003）的要求,拉伸强度应大于 2.45 MPa,断裂延伸率大于 450%,低温柔性要求-35 ℃无裂纹,固体含量大于 94%。

②石油沥青玻璃纤维油毡:用作隔离层的石油沥青玻璃纤维油毡,要求有较好的耐霉烂性能,单位面积浸涂材料总量不小于 800 g/m^2,柔度要求在 15 ℃时绕 ϕ30 圆棒无裂纹,拉力不小于 170 N。

③聚氨酯建筑密封膏:技术指标应符合行业标准《聚氨酯建筑密封胶》（JC/T 482—2003）的要求,密度为规定值±0.1（g/cm^3）,定伸黏结性无破坏,弹性恢复率不小于 70%。

（2）主要机具

根据导入案例的屋面防水工程量,采用多组分聚氨酯防水材料,编制主要施工机具需用量计划,可以参考表 1.43 的格式编写。常用机具主要有搅拌器、容器桶、开罐刀、平衡器、扫帚、小平铲、钢丝刷、抹布、卷尺、盒尺、剪刀、毛刷、滚刷、刮板、喷涂机械、铁抹子、工作服、安全帽、墨镜、手套、口罩、灭火器等。

表 1.43　主要施工机具需用量计划

序　号	机具名称	用　途	备　注
1	棕扫帚	清理基层	不掉毛
2	钢丝刷	清理基层、管道等	
3	磅秤或杆秤	配料、称重	
4	电动搅拌器	搅拌甲、乙料	功率大、转速较低

续表

序　号	机具名称	用　途	备　注
5	铁桶或塑料桶	装混合料	圆桶
6	开罐刀	开涂料罐	
7	熔化釜	现场熔化热熔型涂料	带导热油
8	棕毛刷、圆辊刷	刷基层处理剂	
9	塑料刮板、胶皮刮板	刮涂涂料	
10	喷涂机械	喷涂基层处理剂、涂料	根据涂料黏度选用
11	剪刀	剪裁胎体增强材料	
12	卷尺	量测、检查	规格为 2~5 m

4) 施工要点

涂膜防水是指将以高分子合成材料为主体的防水涂料涂刷在结构物表面,经过固化形成具有一定厚度和弹性的整体涂膜,从而达到防水目的的一种防水层。这种防水层施工操作简便,无污染,冷操作,无接缝,可适应各种复杂形状的基层,具有防水性能好、容易修补等特点。

(1)涂膜防水屋面施工工艺

涂膜防水施工应根据防水材料的品种分层分遍涂刷,不得一次涂成。防水涂膜在满足厚度要求的前提下,涂刷遍数越多,成膜的密实度越好。无论是厚质涂料还是薄质涂料,均不得一次成膜,每遍涂刷厚度要均匀,不可露底、漏涂。应待涂层干燥成膜后再涂刷下一层涂料,且前后两遍涂料的涂刷方向应相互垂直。

涂膜防水施工应按"先高后低、先远后近"的原则进行。高低跨屋面一般先涂刷高跨屋面,后涂刷低跨屋面;同一屋面时,要合理安排施工段,先涂刷雨水口、檐口等薄弱环节,再进行大面积涂刷;节点部位需铺设胎体增强材料。

(2)操作方法

涂膜防水施工操作方法有抹压法、涂刷法、涂刮法、机械喷涂法等。各种施工方法及其适用范围见表1.44。

表 1.44　涂膜防水施工操作方法和适用范围

操作方法	具体做法	适用范围
抹压法	涂料用刮板刮平,待平面收水但未结膜时用铁抹子压实抹光	适用于固体含量高、流平性能较差的涂料
涂刷法	用扁油刷、圆滚刷蘸防水涂料进行涂刷	适用于立面防水层及节点细部处理

续表

操作方法	具体做法	适用范围
涂刮法	将防水涂料倒在基层,用刮板往复涂刮,使其厚度均匀	适用于黏度较大的高聚物改性沥青防水涂料和合成高分子防水涂料的大面积施工
机械喷涂法	将防水涂料倒在喷涂设备内,通过压力喷枪将涂料均匀喷出	适用于各种防水涂料及各部位施工

①涂刷法:适用于黏度较大的高聚物改性沥青防水涂料和合成高分子防水涂料的大面积施工。

a.用刷子涂刷一般采用蘸刷法,也可边倒涂料边用刷子刷匀,涂布垂直面层的涂料时最好采用蘸刷法。涂刷应均匀一致,倒料时要注意控制涂料均匀倒洒,不可在一处倒得过多,否则涂料难以刷开,造成涂膜厚薄不均匀现象。涂刷时不能将气泡裹进涂层中,如遇气泡应立即消除。涂刷遍数必须按事先试验确定的遍数进行。

b.涂布时应先涂立面,后涂平面。在进行立面或平面涂布时,可采用分条涂布或按顺序涂布。分条进行时,每条宽度应与胎体增强材料宽度一致,以免操作人员踩踏刚涂好的涂层。

c.前一遍涂膜干燥后,方可进行下一层涂膜的涂刷。涂刷前应将前一遍涂膜表面的灰尘、杂物等清理干净,同时还应检查前一遍涂膜是否有缺陷,如气泡、露底、漏刷、胎体材料皱褶、翘边、杂物混入涂层等不良现象,如果存在上述质量问题,应先进行修补,再涂布下一层涂膜。

d.后续涂层的涂刷,材料用量控制要严格,用力要均匀,涂层厚薄要一致,应仔细认真涂刷。各道涂层之间的涂刷方向应相互垂直,以提高防水层的整体性和均匀性。涂层间的接槎处,在每遍涂刷时应退槎 50～100 mm,接槎时也应超过 50～100 mm,以免接槎不严造成渗漏。

e.涂刷法的施工质量要求:涂膜厚薄一致,平整光滑,无明显接槎。施工操作中不应出现流淌、皱褶、露底、刷花和起泡等弊病。

②刮涂法:刮涂就是利用刮刀,将特厚质防水涂料均匀地刮涂在防水基层上,形成厚度符合设计要求的防水涂膜。适用于黏度较大的高聚物改性沥青防水涂料和合成高分子防水涂料的大面积施工。

a.刮涂时应用力按刀,使刮刀与被涂面的倾斜角为 50°～60°。按刀时要用力均匀。

b.涂层厚度控制采用预先在刮板上固定铁丝(或木条)或在屋面上做好标志的方法,铁丝(或木条)的高度应与每遍涂层厚度相一致。

c.刮涂时只能来回刮涂,不能往返多次刮涂,否则将会出现"皮干里不干"现象。

d.为了加快施工进度,可采用分条间隔施工,待先批涂层干燥后,再抹后批空白处。分条宽度一般为 0.8～1.0 m,以便抹压操作,并与胎体增强材料宽度相一致。

e.待前一遍涂料完全干燥后(干燥时间不宜少于 12 h)方可进行下一遍涂料施工。后一遍涂料的刮涂方向应与前一遍涂料的刮涂方向垂直。

f.当涂膜出现有气泡、皱褶不平、凹陷、刮痕等情况时,应立即进行修补。补好后才能进行下一道涂膜施工。

③喷涂法:喷涂施工是利用压力或压缩空气将防水涂料涂布于防水基层面上的机械施工方法,其特点是涂膜质量好、工效高、劳动强度低,适用于大面积作业及黏度较小的高聚物改性沥青防水涂料和合成高分子防水涂料的大面积施工。

a.作业时,喷涂压力为 0.4~0.8 MPa,喷枪移动速度一般为 400~600 mm/min,喷嘴至受喷面的距离一般应控制在 400~600 mm。

b.喷枪移动的范围不能太大,一般直线喷涂 800~1 000 mm 后,拐弯 180°向后喷下一行。根据施工条件可选择横向或竖向往返喷涂。

c.第一行与第二行喷涂面的重叠宽度,一般应控制在喷涂宽度的 1/3~1/2,以使涂层厚度比较一致。

d.每一涂层一般要求两遍成活,横向喷涂一遍,再竖向喷涂一遍。两遍喷涂的时间间隔由防水涂料的品种及喷涂厚度而定。

e.如有喷枪喷涂不到的地方,应用油漆刷刷涂。

涂膜应根据防水涂料的品种分层、分遍涂布,不得一次涂成。应待先涂的涂层干燥成膜后,再涂后一遍涂料,且前后两遍涂料涂布方向应互相垂直。多组分涂料应按配合比准确计量,搅拌均匀,并应根据有效时间确定使用量。涂膜与卷材或刚性材料复合使用时,涂膜宜放在下部。涂膜防水层上设置块体材料或水泥砂浆、细石混凝土时,二者之间应设隔离层。合成高分子涂膜的上部,不得采用热熔型卷材或涂料。

(3)胎体增强材料的铺贴

为了增强涂层的抗拉强度,防止涂层下坠,在涂层中增加胎体增强材料。胎体增强材料铺贴位置一般由防水涂层设计确定,可在头遍涂料涂刷后,第二遍涂料涂刷时,或第三遍涂料涂刷前铺贴第一层胎体增强材料。胎体增强材料的铺贴方法有两种,即湿铺法和干铺法。

①湿铺法。湿铺法是一种边倒料、边涂刷、边铺贴的操作工艺。施工时,先在已干燥的涂层上用刷子或刮板将刚倒下的涂料刷涂均匀或刮平,然后将成卷的胎体增强材料平放于涂层面上,并逐渐推滚铺贴于刚涂刷的涂层面上,再用滚刷滚压一遍,或用刮板刮压一遍。也可用抹子抹压一遍,务必使胎体材料的网眼(或毡面上)充满涂料,使上下两层涂料结合良好。为防止胎体增强材料出现皱褶现象,可在布幅两边每隔 1.5~2 m 的间距各剪 15 mm 的小口,以利于铺贴平整。铺贴好的胎体增强材料不应有皱褶、翘边、空鼓、露白等现象。如出现露白,说明涂料用量不足,应再在上面涂刷涂料,使其均匀一致,待干燥后继续进行下一遍涂料施工。湿铺法的特点是操作工序少,但技术要求较高。

②干铺法。由于胎体增强材料质地柔软、容易变形,铺贴时不易展开,经常会出现皱褶、翘边或空鼓现象,这势必会影响防水层质量。为了避免出现这种情况,在无大风时可采用干铺法铺贴。

干铺法就是在上道涂层干燥后,边干铺胎体增强材料,边在已展开的表面上用刮板均匀满刮一道涂料。也可将胎体增强材料按要求在已干燥的涂层上展平后,用涂料将边缘部位点粘固定,然后再在上面满刮一道涂料,使涂料浸入网眼,渗透到已固化的涂膜上。

如采用干铺法铺贴的胎体增强材料表面有露白现象,则说明涂料用量不足,应立即补刷。由于干铺法施工时,上涂层的涂料是从胎体增强材料的网眼中渗透已固化的涂膜上而形成整体的,因此当渗透性较差的涂料与比较密实的胎体增强材料配套使用时,不宜采用干铺法施工工艺。

胎体增强材料可以是单一品种的,也可以将玻璃纤维布和聚酯纤维布混合使用。混合使用时,一般下层采用聚酯纤维布,上层采用玻璃纤维布。铺布时切忌拉伸过紧,因为胎体增强材料和防水涂膜干燥后都会有较大的收缩,否则涂膜防水层会出现转角处受拉脱开、布面错动、翘边或拉裂等现象。铺布也不能太松,过松会使布面出现皱褶,此时网眼中的涂膜极易破碎而失去防水能力。

胎体增强材料铺设后,应严格检查表面是否有缺陷或搭接不足等,如发现上述情况,应及时修补完整,使其形成一个完整的防水层,然后才能在其上继续涂布涂料。面层涂料应至少涂刷两道以上,以增加涂膜的耐久性。如面层做粒料保护层,可在涂刷最后一遍涂料时,随涂随撒铺覆盖粒料。

③收头处理。为了防止收头部位出现翘边现象,所有收头均应用密封材料封边,封边宽度不得小于 10 mm,收头处有胎体增强材料时,应将其剪齐,如有凹槽则应将其嵌入槽内,用密封材料嵌严,不得有翘边、皱褶和露白等现象。如未预留凹槽,可待涂膜固化后,将合成高分子卷材用压条钉压作为盖板,盖板与立墙间用密封材料封固。一般浴厕间的涂膜防水施工以采用预留凹槽方式为宜。

(4)防水涂料的施工工艺

①涂膜防水层的施工应符合以下规定:

a.防水涂料应多遍均匀涂布,涂膜总厚度应符合设计要求。

b.涂膜间若夹铺胎体增强材料时,宜边涂布边铺胎体;胎体应铺贴平整,应排除气泡,并应与涂料黏接牢固。在胎体上涂布涂料时,应使涂料充分浸透胎体,并应覆盖完全,不得有胎体外露现象。最上面的涂膜厚度不应小于 1.0 mm。

c.涂膜施工应先做好细部处理,再进行大面积涂布。

d.屋面转角及立面的涂膜应薄涂多遍,不得流淌和堆积。

②涂膜防水层的施工环境温度:水乳型及反应型涂料宜为 5~35 ℃;溶剂型涂料宜为 -5~35 ℃;热熔型涂料不宜低于 -10 ℃;聚合物水泥涂料宜为 5~35 ℃。

③水乳型及溶剂型防水涂料宜选用滚涂或喷涂工艺施工;反应固化型防水涂料宜选用刮涂或喷涂工艺施工;热熔型涂料宜选用刮涂工艺施工;聚合物水泥防水涂料宜选用刮涂工艺施工;所有防水涂料应用于细部构造时,都宜选用刷涂或喷涂工艺施工。

④涂膜防水涂料根据其涂膜厚度分为薄质防水涂料和厚质防水涂料。涂膜总厚度在3 mm 以内的涂料为薄质防水涂料,涂膜总厚度在 3 mm 以上的涂料为厚质涂料。薄质防水涂料和厚质防水涂料在施工工艺上有一定差异。

⑤薄质防水涂料施工工艺:薄质防水涂料一般有反应型、水乳型或溶剂型的高聚物改性沥青防水涂料或合成高分子防水涂料。由于涂料的品种不同,其性能、涂刷遍数和涂刷的时间间隔都有一定差异。薄质防水涂料的主要施工方法有刷涂法和刮涂法,结合层涂料可以采用喷涂或滚涂法施工。薄质防水涂料的施工工艺见图 1.42 和图 1.43。

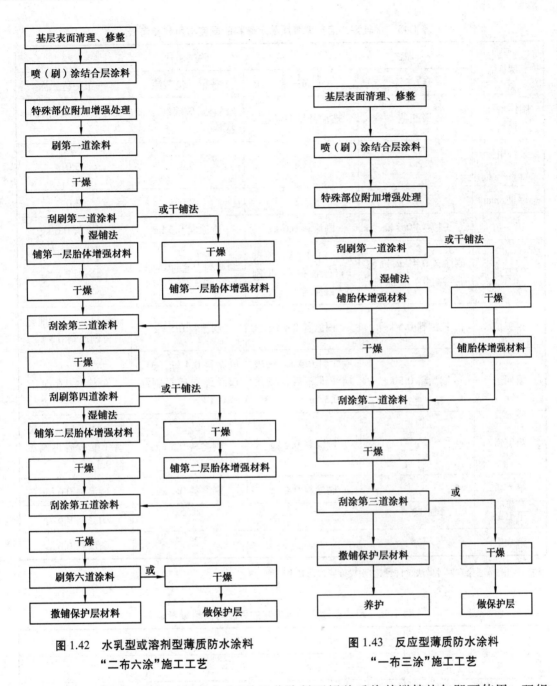

图 1.42 水乳型或溶剂型薄质防水涂料
"二布六涂"施工工艺

图 1.43 反应型薄质防水涂料
"一布三涂"施工工艺

　　防水涂料有单组分和双组分之分,单组分涂料开桶盖后将其搅拌均匀即可使用。双组分防水涂料每组分必须在配料前先搅拌均匀,然后按制造商提供的配合比进行现场配制并将两组分搅拌均匀后,方可使用。

　　涂层厚度是影响防水质量的关键问题之一,一般在涂膜防水施工前,必须根据设计要求的每平方米涂料用量、涂膜厚度及涂料材性,事先试验确定每道涂料的涂刷厚度以及每个涂层需要涂刷的遍(道)数。一般要求面层至少要涂刷胎体增强材料。薄质防水涂料每道用量可参考表 1.45 和表 1.46。

表 1.45　水乳型或溶剂型薄质防水涂料的厚度与用料参考表

层次	一层做法	两层做法		
	一毡二涂	二布三涂	一布一毡三涂	一布一毡三涂
胎体增强材料	聚酯毡	玻璃纤维布两层	聚酯毡、玻璃纤维布各一层	聚酯毡、玻璃纤维布各一层
涂料用量（kg/m²）	2.4	3.2	3.4	5.0
总厚度（mm）	1.5	1.8	2.0	3.0
第一道	刷涂料 0.6 kg	刷涂料 0.6 kg	刷涂料 0.6 kg	刷涂料 0.6 kg
第二道	刷涂料 0.4 kg，铺毡后再刷 0.4 kg 涂料	刷涂料 0.4 kg，铺玻璃纤维布后再刷 0.3 kg涂料	刷涂料 0.4 kg，铺毡后在刷 0.3 kg 涂料	刷涂料 0.6 kg
第三道	刷涂料 0.5 kg	刷涂料 0.4 kg	刷涂料 0.5 kg	刷涂料 0.4 kg，铺毡后再刷涂料 0.3 kg
第四道	刷涂料 0.5 kg	刷涂料 0.4 kg，铺玻璃纤维布后再刷涂料 0.3 kg	刷涂料 0.4 kg，铺玻璃纤维布后再刷涂料 0.3 kg	刷涂料 0.6 kg
第五道		刷涂料 0.4 kg	刷涂料 0.5 kg	刷涂料 0.4 kg，铺玻璃纤维布后再刷涂料 0.3 kg
第六道		刷涂料 0.4 kg	刷涂料 0.4 kg	刷涂料 0.6 kg
第七道				刷涂料 0.6 kg
第八道				刷涂料 0.6 kg

注：一布一毡三涂有两种做法，可根据防水设计要求选其中一种。

表 1.46　反应型薄质防水涂料的厚度与用料参考表

层次	一层做法	纯涂刷层做法	
	一毡二涂	做法一	做法二
胎体增强材料	聚酯毡或化纤毡	—	—
涂料用量（kg/m²）	2.4~2.8	1.8~2.2	1.2~1.5
总厚度（mm）	2.0	1.5	1.0
第一道	刮涂涂料 0.8~0.9 kg	刮涂涂料 0.9~1.1 kg	刮涂涂料 0.6~0.7 kg

续表

层次	一层做法	纯涂刷层做法	
	一毡二涂	做法一	做法二
第二道	刮涂涂料 0.4~0.5 kg,铺贴毡后再刮涂涂料0.4~0.5 kg	刮涂涂料 0.9~1.1 kg	刮涂涂料 0.6~0.8 kg
第三道	刮涂涂料 0.8~0.9 kg		

注:纯涂刷有两种做法,可根据设计要求选其中一种。

施工时先涂刷结合层涂料,即基层处理剂。涂刷时要求用力薄涂,使涂料充分进入基层表面的毛细孔中,并与基层牢固结合。

在大面积涂料涂布前,先要按设计要求做好特殊部位附加增强层,即在屋面细部节点(如水落管、檐沟、女儿墙根部、阴阳角、立管周围等)加铺有胎体增强材料的附加层。首先在该部位涂刷一遍涂料,随即铺贴事先剪好的胎体增强材料,用软刷反复干刷、贴实,干燥后再涂刷一道防水涂料。水落管口处四周与檐沟交接处应先用密封材料密封,再加铺有两层胎体增强材料的附加层,附加层涂膜伸入水落口杯的深度不少于 50 mm。在板端处应设置缓冲层,以增加防水层参加拉伸的长度。缓冲层用宽 200~300 mm 的聚乙烯薄膜空铺在板缝上。为了防止薄膜被风刮起或位移,可用涂料临时点粘固定,并在塑料薄膜之上增铺有胎体增强材料的空铺附加层。

为了防止收头部位出现翘边现象,所有收头均应用密封材料封边,封边宽度不得小于10 mm。收头处有胎体增强材料时,应将其剪齐,如有凹槽则应将其嵌入槽内,用密封材料嵌严,不得有翘边、皱褶和露白等现象。

⑥厚质防水涂料施工工艺:厚质防水涂料的涂层厚度一般为 4~8 mm,有纯涂层,也有铺补一层胎体增强材料的涂层。一般采用抹压法或刮涂法施工,其工艺流程见图 1.44。

厚质防水涂料施工时,应将涂料充分搅拌均匀,清除杂质。涂层厚度控制可采用预先在刮板上固定铁丝(或木条)或在屋面上做好标志的办法,铁丝(或木条)高度与每遍涂层刮涂厚度一致。涂层总厚度为 4~8 mm,分 2~3 遍刮涂。

涂层间隔时间以涂层干燥并能上人操作为

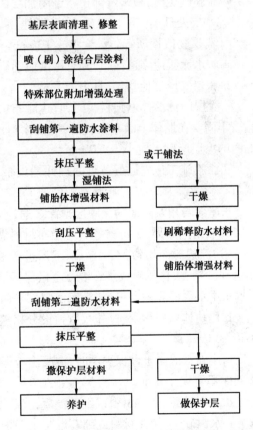

图 1.44　厚质防水涂料的施工流程

准。脚踩不黏脚、不下陷(或下陷能回弹)时即可进行上面一道涂层施工,一般干燥时间不少于 12 h。

水落口、天沟、檐口、泛水及板端缝处等特殊部位常采用涂料增厚处理,即刮涂一层 2~3 mm 厚的涂料,其宽度视具体情况而定。

收头部位胎体增强材料应裁齐,防水层收头应压入凹槽内,并用密封材料嵌严,待墙面抹灰时用水泥砂浆压封严密。如无预留凹槽,可待涂膜固化后,用压条将其固定在墙面上,用密封材料封严,再将金属或合成高分子卷材用压条钉压作盖板,盖板与立墙间用密封材料封固。

5)高聚物改性沥青防水涂膜的施工

(1)高聚物改性沥青防水涂膜施工的基本要求

①屋面基层的干燥程度,应视所选用的涂料特性而定。当采用溶剂型、热熔型改性沥青防水涂料时,屋面基层应干燥、干净。

②屋面板缝处理应符合下列规定:

a.板缝应清理干净,细石混凝土应浇捣密实,板端缝中嵌填的密封材料应黏结牢固、封闭严密。无保温层屋面的板端缝和侧缝应预留凹槽,并嵌填密封材料。

b.抹找平层时,分格缝应与板端缝对齐、顺直,并嵌填密封材料。

c.涂膜施工时,板端缝部位空铺附加层的宽度宜为 100 mm。

③基层处理剂应配比准确,充分搅拌,涂刷均匀,覆盖完全,干燥后方可进行涂膜施工。

④高聚物改性沥青防水涂膜施工应符合下列规定:

a.防水涂膜应多遍涂布,其总厚度应达到设计要求并遵守规定。

b.涂层的厚度应均匀,且表面平整。

c.涂层间铺胎体增强材料时,宜边涂布边铺胎体;胎体应铺贴平整,排除气泡,并与涂料黏结牢固。在胎体上涂布涂料时,应使涂料浸透胎体,覆盖完全,不得有胎体外露现象。最上面的涂层厚度不应小于 1.0 mm。

d.涂膜施工应先做好节点处理并铺设带有胎体增强材料的附加层,然后再进行大面积涂布。

e.屋面转角及立面的涂膜应薄涂多遍,不得有流淌和堆积现象。

⑤当采用细砂、云母或蛭石等撒布材料做保护层时,应筛去粉料。在涂布最后一遍涂料时,应边涂边撒布均匀,不得露底,然后进行滚压粘牢,待干燥后清除多余的撒布材料。当采用水泥砂浆、块体材料或细石混凝土做保护层时,应符合下列规定:

a.用水泥砂浆做保护层时,表面应抹平压光,并应设表面分格缝,分格面积宜为 1 m²。

b.用块体材料做保护层时,宜留设分格缝,其纵横间距不宜大于 10 m,分格缝宽度不宜小于 20 mm。

c.用细石混凝土做保护层时,混凝土应振捣密实,表面抹平压光,并应留设分格缝,其纵横间距不宜大于 6 m。

d.水泥砂浆、块体材料或细石混凝土保护层与防水层之间应设置隔离层。

e.水泥砂浆、块体材料或细石混凝土保护层与女儿墙之间应预留宽度为 30 mm 的缝隙,并用密封材料嵌填严密。

（2）工艺流程

高聚物改性沥青防水涂膜工艺流程（以二布六涂为例）为：基层处理→涂刷基层处理剂→铺贴附加层→刷第一遍涂料→表干后，铺第一层胎体增强材料，刷第二遍涂料→实干后，刷第三遍涂料→表干后，铺第二层胎体增强材料，刷第四遍涂料→实干后，刷第五遍涂料→蓄水试验→刷第六遍涂料→保护层施工。

（3）施工要点

①基层处理。将屋面清扫干净，不得有浮灰、杂物、油污等。表面如有裂缝或凹坑，应用防水胶与滑石粉拌成的腻子修补，使之平滑。

②涂刷基层处理剂。

a.水乳型防水涂料可掺用 0.2%～0.5% 乳化剂的水溶液或软化水将涂料稀释，其用量比例一般为防水涂料：乳化剂水溶液（或软水）= 1：（0.5～1）。无软化水时可用冷开水代替，切勿加入一般天然水或自来水。

b.若为溶剂型防水涂料，由于其渗透能力比水乳型防水涂料强，所以可直接用涂料薄涂做基层处理，如涂料较稠可用相应的溶剂稀释后使用。

c.高聚物改性沥青或沥青基防水涂料也可用使用沥青溶液（即冷底子油）作为基层处理剂，或以按煤油：30 号沥青 = 60：40 的比例配置而成的溶液作为基层处理剂。

基层处理剂涂刷时应用刷子用力薄涂，使涂料尽量进入基层表面的毛细孔中，并将基层可能留下来的少量灰尘等无机杂质，像填充料一样混入基层处理剂中，使之与基层结合。这样一来，即使屋面上的灰尘未能完全清扫干净，也不会影响涂层与基层的黏结。特别在较为干燥的屋面上进行溶剂型防水涂料施工时，使用基层处理剂打底后再进行防水涂料涂刷，效果十分好。

③铺贴附加层。对"一头（防水收头）、二缝（变形缝、分格缝）、三口（水落口、出入口、檐口）及四根（女儿墙根、设备根、管道根、烟囱根）"等部位，均加做一布二油附加层，使其粘贴密实，然后再与大面同时做防水层涂刷。

④刷第一遍涂料。涂料涂布应分条或按顺序进行。分条进行时，每条宽度应与胎体增强材料宽度一致，以免操作人员踩踏刚涂好的涂层。涂层应均匀，涂刷不得过厚或堆积，避免露底或漏刷。人工涂布一般采用蘸刷法，涂布时先涂立面，后涂平面。涂刷时不能将气泡裹进涂层中，如遇气泡应立即用针刺消除。

⑤铺贴第一层胎体布，刷第二遍涂料：

a.第一遍涂料经 2～4 h 表干（不粘手）后，即可铺贴第一层胎体布，同时刷第二遍涂料。

b.铺设胎体增强材料时，若屋面坡度小于 3%，应平行于屋脊铺设；屋面坡度大于 3% 小于 15% 时，可平行或垂直屋脊铺设，平行铺设能提高工效；屋面坡度大于 15% 时，应垂直于屋脊铺设。胎体长边搭接宽度不应小于 50 mm，短边搭接宽度不应小于 70 mm。收口处要贴牢，以防止胎体出现露边、翘边等缺陷。排除气泡，并使涂料浸透布纹，防止出现起鼓等现象。铺设胎体增强材料时应铺平，不得有皱褶，但也不宜拉得过紧。

c.胎体增强材料的铺设可采用湿铺法或干铺法。

⑥刷第三遍涂料。上遍涂料实干后 12～14 h 即可涂刷第三遍涂料，要求及做法同涂刷第一遍涂料。

⑦刷第四遍涂料，同时铺第二层胎体布。上遍涂料表干后即可刷第四遍涂料，同时铺第

二层胎体布。铺第二层胎体布时,上下层不得相互垂直铺设,搭接缝应错开,其间距不应小于幅宽的1/3。

⑧涂刷第五遍涂料。上遍涂料实干后,即可涂刷第五遍涂料,防水涂料涂膜厚度应符合规定。

⑨淋水或蓄水检验。第五遍涂料实干后,厚度达到设计要求,可进行蓄水试验。方法是临时封闭水落口,然后蓄水,蓄水深度按设计要求,时间不少于24 h。无女儿墙的屋面可做淋水试验,试验时间不少于2 h。如无渗漏,即认为合格,如发现渗漏,应及时修补,再做蓄水或淋水试验,直到不漏为止。

⑩涂第六遍涂料。经蓄水试验不漏后,可打开水落口放水,干燥后再刷第六遍涂料。

(4)施工注意事项

①涂刷基层处理剂时要用力薄涂,涂刷后续涂料时应按规定的每遍涂料的厚度(控制材料用量)均匀、仔细地涂刷。各层涂层之间的涂刷方向相互垂直,以提高防水层的整体性和均匀性。对于涂层间的接槎,在涂刷时每遍应退槎50~100 mm,接槎时也应超过50~100 mm,避免在接槎处发生渗漏。

②涂刷防水层前,应进行涂层厚度控制试验(即根据设计要求进行的涂膜厚度及涂料材性等事先试验),确定每遍涂料涂刷的厚度以及防水层需要涂刷的遍数。每遍涂料涂层厚度以0.3~0.5 mm为宜。屋面基层必须通过验收检查,达到合格要求后方可施工。屋面基层的干燥程度应视所用涂料特性确定,当采用溶剂型涂料时,屋面基层应干燥。

③防水涂料施工应按"先高后低,先远后近"的原则进行。高低跨屋面一般先涂布高跨屋面,后涂布低跨屋面;同一屋面上,要合理安排施工段,应先涂布距上料点远的部位,后涂布近处。应先涂布水落口、天沟、檐口等节点部位,再进行大面积涂布。

④在涂膜防水层实干前,不得在其上进行其他施工作业,涂膜防水屋面上不得直接堆放物品。

⑤在涂刷厚度及用量试验的同时,也应测定每遍涂层实干的间隔时间。防水涂料的干燥时间(表干和实干)因材料的种类、气候的干湿程度等因素的不同而不同,必须根据试验来确定。

⑥天沟、檐沟、檐口、泛水和立面涂膜防水层的收头,应用防水涂料多遍涂刷或用密封材料封严。

⑦涂膜防水层完工并经验收合格后,做好成品保护。

⑧施工前要将涂料搅拌均匀。双组分或多组分涂料要根据用量进行配料搅拌。采用双组分涂料时,每次配制数量应根据每次涂刷面积计算确定,混合后材料的存放时间不得超过规定可使用时间,不应一次搅拌过多使涂料发生凝聚或固化而无法使用,夏季施工时应尤为注意。每组分涂料在配料前必须先搅拌均匀。搅拌时应先将主剂投入搅拌器内,然后放入固化剂,并立即开始搅拌。搅拌时间一般为3~5 min,要注意将材料充分搅拌均匀。主剂和固化剂的混合应严格按厂家配合比配制,偏差不得大于±5%。不同组分的容器、搅拌棒及取料勺等不得混用,以免产生凝胶。单组分涂料在使用前必须充分搅拌,消除因沉淀而产生的不匀质现象,未完的涂料应加以封存,桶内有少结膜现象时应清除或过滤后使用。

⑨施工完成后,应有自然养护时间,一般不少于7 d。在养护期间,不得上人行走或在其

上操作,禁止在上面堆积物料,避免尖锐物碰撞涂膜。

⑩施工人员必须穿软底鞋在屋面操作,施工过程中应穿戴好劳动防护用品,屋面施工应有有效的安全防护措施。

6) 聚氨酯防水涂膜的施工

(1)工艺流程

聚氨酯防水涂膜施工工艺流程为:基层处理→涂刷基层处理剂→附加层施工→大面防水层涂布→淋水或蓄水检验→保护层、隔离层施工→验收。

(2)施工要求

①基层处理:

a.清理基层表面的尘土、砂粒、砂浆硬块等杂物,并吹(扫)净浮尘。凹凸不平处,应予以修补。

b.涂刷基层处理剂:大面积涂刷防水膜前,应涂刷基层处理剂。

c.附加层施工。

②甲乙组分混合。将聚氨酯甲、乙组分和二甲苯按产品说明书配比及投料顺序配合、搅拌至均匀,配制量视需要确定,用多少配制多少。附加层施工时的涂料也是用此法配制。

③大面防水涂布:

a.第一遍涂膜施工。在基层处理剂基本干燥固化后(即为表干,不粘手),用塑料刮板或橡胶刮板均匀涂刷第一遍涂膜,厚度为 0.8~1.0 mm,涂料用量约为 1 kg/m²。涂刷应厚薄均匀一致,不得有漏刷、起泡等缺陷,若遇起泡,采用针刺消泡。

b.第二遍涂膜施工。待第一遍涂膜固化(实干,时间约为 24 h)后,涂刷第二遍涂膜。涂刷方向与第一遍垂直,涂刷量略少于第一遍,厚度为 0.5~0.8 mm,用量约为 0.7 kg/m²。要求涂刷均匀,不得漏涂、起泡。

c.待第二遍涂膜实干后,涂刷第三遍涂膜,直至达到设计规定的厚度。

④淋水或蓄水检验。待最后一遍涂料实干后,进行淋水或蓄水检验。条件允许时,有女儿墙的屋面蓄水检验方法是:临时封闭水落口,用橡胶管向屋面注水,蓄水高度至泛水高度,时间不少于 24 h。无女儿墙的屋面可做淋水试验,试验时间不少于 2 h,如无渗漏,即认为合格,如发现渗漏,应及时修补。

⑤保护层、隔离层施工:

a.采用撒布材料保护层时,筛去粉料、杂质等,在涂刷最后一层涂料时边涂边撒布。应撒布均匀、不露底、不堆积。待涂膜干燥后,将多余的或黏结不牢的粒料清扫干净。

b.采用浅色涂料保护层时,涂膜固化后进行,均匀涂刷,使保护层与防水层黏结牢固,不得损伤防水层。

c.采用水泥砂浆、细石混凝土或板块保护层时,最后一遍涂层固化实干后,做淋水或蓄水试验。合格后,设置隔离层。隔离层可采用干铺塑料膜、土工布或卷材,也可采用铺抹低强度等级的砂浆。在隔离层上施工水泥砂浆、细石混凝土或板块保护层,厚度在 30 mm 以上。操作时要轻推慢抹,防止损伤防水层。

7)聚合物乳液建筑防水涂膜的施工

（1）工艺流程

聚合物乳液建筑防水涂膜施工的工艺流程为：基层处理→涂刷基层处理剂→附加层施工→分层涂布防水涂料与铺贴胎体增强材料→淋水或蓄水试验→保护层施工→验收。

（2）施工要求（以二布六涂为例）

①基层处理。将屋面基层清扫干净，不得有浮灰、杂物或油污。表面如有质量缺陷应进行修补。

②涂刷基层处理剂。用软化水（或冷开水）按1∶1的比例（防水涂料∶软化水）将涂料稀释，薄层用力涂刷基层，使涂料尽量涂进基层毛细孔中，不得漏涂。

③附加层施工。檐沟、天沟、水落口、出入口、烟囱、出气孔、阴阳角等部位，应做一布三涂附加层，成膜厚度不小于1 mm，收头处用涂料或密封材料封严。

④分层涂布防水涂料与铺贴胎体增强材料：

a.刷第一遍涂料。要求表面均匀，涂刷不得过厚或堆积，不得露底或漏刷。涂布时应先涂立面，后涂平面。涂刷时不能将气泡裹进涂层中，如遇起泡应立即用针刺消除。

b.铺贴第一层胎体布，刷第二遍涂料。第一遍涂料经2~4 h，表干不粘手后，即可铺贴第一层胎体布，同时刷第二遍涂料。涂料涂布应分条或按顺序进行。分条进行时，每条宽度应与胎体增强材料宽度一致，以免操作人员踩踏刚涂好的涂层。

c.刷第三遍涂料。上遍涂料实干后（12~14 h）即可刷第三遍涂料，要求及做法同涂刷第一遍涂料。

d.刷第四遍涂料，同时铺第二层胎体布。上遍涂料表干后即可刷第四遍涂料，同时铺第二层胎体布。铺第二层胎体布时，上下层不得相互垂直铺设，搭接缝应错开，其间距不应小于幅宽的1/3。具体做法同铺第一层胎体布方法。

e.涂刷第五遍涂料。上遍涂料实干后，即可涂刷第五遍涂料，此时的涂层厚度应达到防水层的设计厚度。

f.涂刷第六遍涂料。淋水或蓄水检验合格后，清扫屋面，待涂层干燥后再涂刷第六遍涂料。

⑤淋水或蓄水检验。参见聚氨酯防水涂膜淋水或蓄水检验。

⑥保护层施工。经蓄水试验合格、涂膜干燥后，按设计要求施工保护层。

（3）施工注意事项

①涂料涂布时，涂刷致密是保证质量的关键。涂刷基层处理剂时要用力薄涂，涂刷后续涂料时应按规定的涂膜厚度（控制材料用量）均匀、仔细地分层涂刷。各层涂层之间的涂刷方向应相互垂直。对于涂层间的接槎，在涂刷时每遍应退槎50~100 mm，接槎时应超过50~100 mm。

②涂刷防水层前，应进行涂层厚度控制试验，即根据设计要求的涂膜厚度确定每平方米涂料用量，确定每层涂层的厚度用量以及涂刷遍数。每层涂层厚度以0.3~0.5 mm为宜。

③在涂刷厚度及用量试验的同时，应测定每层涂层实干的间隔时间。防水涂料的干燥时间（表干和实干）因材料的种类、气候的干湿热程度等因素的不同而不同，必须根据试验确定。

④材料使用前应用机械搅拌均匀,如有少量结膜或结块,应过滤后使用。

⑤施工人员应穿软底鞋在屋面操作,严禁在防水层上堆积物料,避免尖锐物碰撞涂膜。

8) 聚合物水泥防水涂膜的施工

(1) 工艺流程

聚合物水泥防水涂膜施工的工艺流程为:基层处理→配料→打底→涂刷下层→无纺布→涂刷中层→涂刷上层→蓄水试验→保护层施工→验收。

(2) 施工要点

①针对不同的防水工程,相应选择 P1、P2、P3 三种方法的一种或几种组合进行施工。这三种方法涂层结构示意图如图 1.45 至图 1.47 所示。

● P1 涂膜施工总用料 2.1 kg/m²,适用范围为较低等级和一般建筑物的防水。配合比(有机液料∶无机粉料∶水)及各层用量如下:

打底层,10∶7∶14,0.3 kg/m²;

下层,10∶7∶(0~2),0.9 kg/m²;

上层,10∶7∶(0~2),0.9 kg/m²。

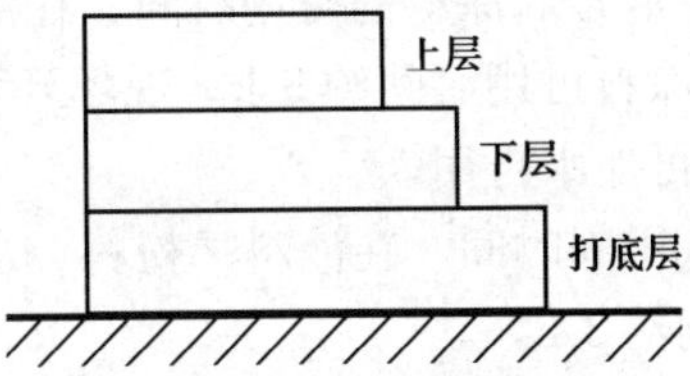

图 1.45　P1 涂层结构

● P2 涂膜施工总用料 3.0 kg/m²,适用范围为较高等级和重要建筑物的防水。配合比(有机液料∶无机粉料∶水)及各层用量如下:

打底层,10∶7∶14,0.3 kg/m²;

下层,10∶7∶(0~2),0.9 kg/m²;

中层,10∶7∶(0~2),0.9 kg/m²;

上层,10∶7∶(0~2),0.9 kg/m²。

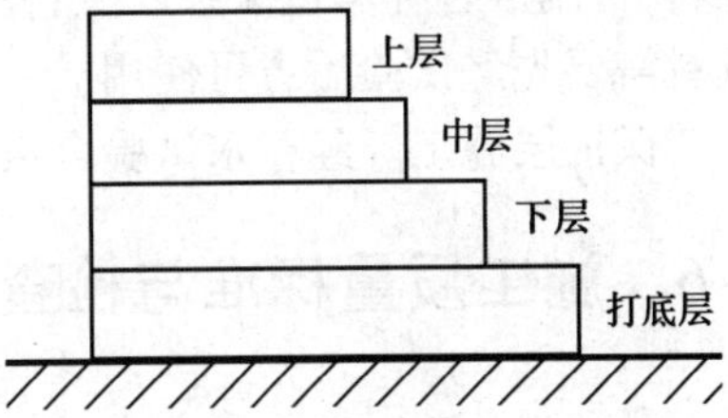

图 1.46　P2 涂层结构

● P3 涂膜施工总用料 3.0 kg/m²,适用范围为重要建筑物的防水和建筑物异型部位的防水(女儿墙、水落口、阴阳角等)。配合比(有机液料∶无机粉料∶水)及各层用量如下:

打底层,10∶7∶14,0.3 kg/m²;

下层,10∶7∶(0~2),0.9 kg/m²;

无纺布按需要裁剪;

中层,10∶7∶(0~2),0.9 kg/m²;

上层,10∶7∶(0~2),0.9 kg/m²。

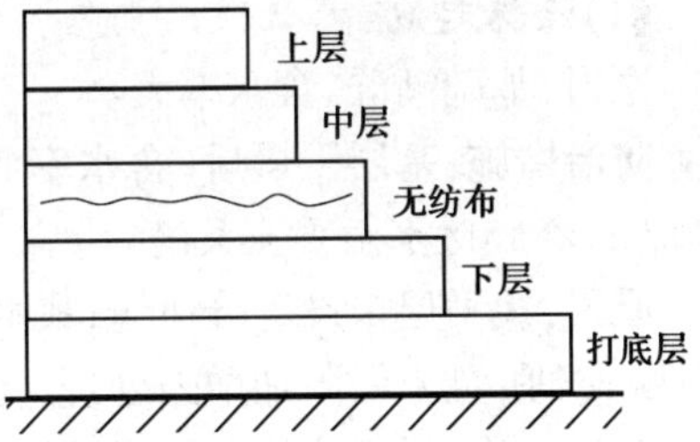

图 1.47　P3 涂层结构

无纺布的材质是聚丙烯树脂,单位质量为 35~60 g/m²,厚度为 0.25~0.45 mm。若涂层厚度不够,可加涂一层或数层。

②配料。如果需要加水,先在液料中加水,用搅拌器先搅拌,后徐徐加入粉料,充分搅拌均匀,直到料中不含团粒为止(搅拌时间约为 3 min)。

打底层涂料的质量配比为:液料∶粉料∶水=10∶7∶14。

下层、中层涂料的质量配比为:液料∶粉料∶水=10∶7∶(0~2);上层涂料可加颜料以形成彩色层,彩色层涂料的质量配比为:液料∶粉料∶颜料∶水=10∶7∶(0.5~1)∶(0~2)。在规定的加水范围内,斜面、顶面或立面施工应不加或少加水。

③涂刷。用辊子或刷子涂刷,根据选择的施工方法,按照"打底层→下层→无纺布→中层→上层"的次序逐层完成。各层之间的时间间隔以前一层涂膜干固不黏为准(在温度为20 ℃的露天条件下,不上人施工约需 3 h,上人施工约需 5 h)。现场温度低、湿度大、通风差,则干固时间长些,反之则短些。

a.涂料(尤其是打底料)有沉淀时应随时搅拌均匀,每次蘸料时要先在料桶底部搅动几下,以免沉淀。

b.涂刷要均匀,要求多滚刷几次,使涂层与基层之间不留气泡,黏结牢固。

c.涂层必须按规定用量取料,不能过厚或过薄,若最后防水层厚度不够,可加涂一层或数层。

④混合后涂料的可用时间。在液料∶粉料∶水 = 10∶7∶2,环境温度为 20 ℃的露天条件下,涂料可用时间约 3 h。现场环境温度低,可用时间长些,反之则短些。涂料过时稠硬后,不可加水再用。

⑤干固时间。在液料∶粉料∶水 = 10∶7∶2,环境温度为 20 ℃的露天条件下,涂层干固时间约 3 h。

⑥涂层颜色。聚合物水泥防水涂料的本色为半透明乳白色,加入占液料质量 5% ~10%的颜料,可制成各种彩色涂层。颜料应选用中性的无机颜料,一般选用氧化铁系列,选用其他颜料需要先经试验后方可使用。

⑦保护层施工。经蓄水试验合格后,涂膜干燥符合设计要求后施工保护层。

1.2.6　施工质量标准与检查评价

1)屋面涂膜防水工程质量通病与防治措施

(1)涂抹起泡

原因:基础潮湿、含水率大。

防治措施:基层干燥后(含水率 2% ~5%),再在其上涂刷防水涂膜。

(2)涂膜防水层产生裂缝

原因:找平层未设置分格缝;找平层分格缝未增设空铺附加层;水落口、泛水等节点处未做密封处理,且未做附加增强处理;涂膜一次涂得太厚。

防治措施:严格按规定正确留置分格缝,并对分格缝嵌填密封材料,加铺附加层;在水落口、泛水等屋面交接处做密封处理,并做胎体增强材料加层;分次涂刷,且待先涂的涂层干燥后再涂刷后一遍涂料。

(3)胎体增强材料外露

原因:胎体增强材料铺贴不平整;表层涂料过薄。

防治措施:胎体增强材料应边涂边铺,且刮平,保证胎体增强材料被涂料浸透;最上层涂料不应少于两遍,应使胎体增强材料被完全覆盖。

(4)涂膜防水层短期内老化,失去防水效果

原因:涂膜防水层厚度未达到要求;涂膜防水层未做保护层或保护层施工不当。

防治措施:高聚物改性沥青防水涂膜厚度不应小于 3 mm,合成高分子防水涂膜厚度不

应小于 2 mm。应根据设计要求及涂料的特性确定保护层。在刮最后一遍涂料时,应边涂边将材料撒布均匀,不得露底。在涂料干燥后,及时将多余的撒布材料清除。

(5)防水涂料成膜后膜片强度差,表面呈蜂窝麻面、橘皮状、泛白

原因:聚氨酯防水涂料在施工时空气太潮湿或是涂料未实干就被雨淋,稀释剂添加量过大等;水乳型防水涂料施工时基面有积水、涂膜表干前淋雨(表面会出现泛白、凹凸不平的麻面)、实干前淋雨(表面会出现泛白)等。若出现以上情况,都会影响涂膜的早期强度和综合性能。

防治措施:禁止雨天施工,施工前基面不能有明水,施工后的涂层尽量避免在实干前淋雨(若遇下雨必须防护)。保持施工现场的通风,必要时可采用鼓风设备进行通风。

(6)涂膜分层

原因:涂料干燥后表面太光滑、涂膜自身强度与后期施工材料强度差异较大,都会降低固化后的涂膜与后期施工材料的黏结性,导致涂膜分层。

防治措施:上一遍涂膜实干后及时施工第二遍,间隔不得超过 24 h;如必须要在涂膜干燥较长时间后再施工,应将早期完工的涂膜表面拉毛后再施工后一遍防水涂膜。将强度较高的基层表面做轻微的拉毛处理,增加基层表面的粗糙度,即可改善涂膜与基层的黏结性。

(7)涂膜产生气孔或沙眼

原因:水乳型防水涂料施工时,基面太干燥或有浮灰,一次涂膜太厚或气温太高而基层收水太快导致涂层干燥过快,涂层表面迅速结膜,基层内气体逐步逸出,将会导致涂膜产生气孔或沙眼。

防治措施:基层浮灰必须清理干净,水乳型防水涂料施工前应充分湿润基层但不能有明水,防水涂料涂刷前最好先做一遍基层处理。对于黏度大的产品,可根据生产厂提供的方案先使用基层处理剂再涂刷,而且必须薄涂多遍。

材料是基础,施工是关键。除了要选择信誉好、质量有保证的生产厂家和性价比较高的材料外,还应择优选择专业的防水施工队,按照防水材料施工操作规程和工程技术规范要求进行严格施工,才能保证良好的工程质量。建筑物防水工程对施工队伍的专业性、技术性要求较高,选择具有相关防水专业知识、经过严格培训上岗的施工团队,是防水工程质量的保障。防水工程实施完后,对成品的及时保护以及专业的养护,能使防水材料充分发挥其各项性能。防水工程的顺利实施与完成,是防水工程维护的开始,专业而精湛的防水知识与技术在这时也将突显出它难以替代的价值。整体工程的潜在价值,或更确切地说,建筑物寿命的长短,在一定程度上就取决于后期专业的维护是否及时、有效。

2)施工质量标准与检查评价

(1)涂膜防水层质量标准和检验方法

涂膜防水层质量标准和检验方法见表 1.47 和表 1.48。复合防水层质量标准和检验方法见表 1.49。

表 1.47　涂膜防水层质量标准和检验方法(主控项目)

项次	项　目		质量要求或允许偏差	检验方法
1	主控项目	材料质量	防水涂料和胎体增强材料的质量应符合设计要求	检查出厂合格证、质量检验报告和进场检验报告
2		屋面渗漏	涂膜防水层不得有渗漏和积水现象	雨后观察或淋水、蓄水试验
3		细部构造	涂膜防水层在檐口、檐沟、天沟、水落口、泛水、变形缝处和伸出屋面管道的防水构造,应符合设计要求	观察检查
4		涂膜厚度	涂膜防水层的平均厚度应符合设计要求,且最小厚度不得小于设计厚度的80%	针测法或取样量测

表 1.48　涂膜防水层质量标准和检验方法(一般项目)

项次	项　目		质量要求或允许偏差	检验方法
1	一般项目	防水层涂布	涂膜防水层与基层应黏结牢固,表面应平整,涂布应均匀,不得有流淌、皱褶、起泡和露胎体等缺陷	观察检查
2		收头	涂膜防水层的收头应用防水涂料多遍涂刷	观察检查
3		胎体增强材料	胎体增强材料应平整顺直,搭接尺寸应准确,应排除气泡,并应与涂料黏结牢固,胎体增强材料搭接宽度的允许偏差为-10 mm	观察和尺量检查

表 1.49　复合防水层质量标准和检验方法

项次	项　目		质量要求或允许偏差	检验方法
1	主控项目	材料质量	防水涂料及其配套材料的质量应符合设计要求	检查出厂合格证、质量检验报告和进场检验报告
2		屋面渗漏	复合防水层不得有渗漏和积水现象	雨后观察或淋水、蓄水试验
3		细部构造	复合防水层在檐口、檐沟、天沟、水落口、泛水、变形缝处和伸出屋面管道的防水构造,应符合设计要求	观察检查
4	一般项目	防水层涂布	卷材与涂膜应黏结牢固,不得有空鼓和分层现象	观察检查
5		厚度	复合防水层的总厚度应符合设计要求	针测法或取样量测

（2）接缝密封防水施工质量要求

• 密封防水部位的基层施工

①基层应牢固，表面应平整、密实，不得有裂缝、蜂窝、麻面、起皮和起砂等现象。

②基层应清洁、干燥，应无油污、无灰尘。

③嵌入的背衬材料与接缝壁间不得留有空隙。

④密封防水部位的基层宜涂刷基层处理剂，涂刷应均匀，不得漏涂。

• 改性沥青密封材料防水施工

①采用冷嵌法施工时，宜分次将密封材料嵌填在缝内，并应防止裹入空气。

②采用热灌法施工时，应由下向上进行，并宜减少接头；密封材料熬制及浇灌温度，应按不同材料要求严格控制。

• 合成高分子密封材料防水施工

①单组分密封材料可直接使用；多组分密封材料应根据规定的比例准确计量，并应拌和均匀；每次拌和量、拌和时间和拌和温度，应按所用密封材料的要求严格控制。

②采用挤出枪嵌填时，应根据接缝的宽度选用口径合适的挤出嘴，均匀挤出密封材料嵌填，并应从底部逐渐充满整个接缝。

③密封材料嵌填后，应在密封材料表干前用腻子刀嵌填修整。

（3）施工质量通病及防治

①屋面渗漏。原因有：设计涂层厚度不足，防水层结构不合理；屋面积水，排水系统不通畅；细部处理不符合规范要求，节点封固不严密；屋面基层变形较大，地基不均匀沉降引起防水层开裂；温度应力导致防水层开裂；防水涂料性能不符合规定；防水层厚度不足，出现胎体外露和皱皮现象。

防治措施：按屋面工程技术规范中的防水等级选择防水涂料的品种和防水层厚度，以及相应的屋面构造与涂层结构。设计时应根据当地年最大降雨量计算确定雨水口数量和管径，且排水距离不宜太长；屋面和天沟等排水坡度应符合规范规定；加强屋面维护。屋面板端部接缝处应增设空铺附加层，板缝应用油膏嵌严，在女儿墙、天沟、水落口等特殊部位应增设胎体增强材料1~2层，以增加防水层的整体抗渗能力，并保证施工中屋面基层的清洁和干燥。屋面找平层应严格按规范要求设置分格缝。按设计要求选择优质防水涂料，并抽样复验保证质量。防水涂料应分层、分次涂布，严格控制材料用量，胎体增强材料铺设不宜拉得过紧或过松，以能够使上下涂层黏结牢固为宜。

②防水涂膜流淌、有气泡。原因有：施工环境温度太高或太低，湿度过大，涂料干燥过慢；涂料耐热性较差且稀释剂的挥发性过快或过慢，涂料黏度低；涂膜过厚，基层凹凸不平，胎体增强材料铺贴不平整；表面有砂粒、杂物，涂料中有沉淀物；基层未充分干燥或在湿度较大的气候条件下施工。

防治措施：确保施工时的环境温度和湿度符合规定要求。选择耐热性相适应的涂料并严格复验，选择与防水涂料配套的稀释剂。严格控制每层涂料的涂刷厚度。施工前应将基层清理干净，若基层不平整需先进行修补。

③防水涂膜黏结不牢。原因有：基层表面不平整、有杂物，基层有起皮和起砂的现象；施工时基层过分潮湿，涂料结膜不良，涂料成膜厚度不足；在复合防水施工时，涂料与其他防水

材料相容性差;防水涂料施工时突遇降雨;上下工序和两道涂层之间未适当间歇。

防治措施:基层不平整造成屋面积水时,宜用涂料拌和水泥砂浆进行修补,发现基层起皮、起砂时应及时用钢丝刷清除并进行修补;确保基层干燥后方可进行防水层施工,当基层未干燥而又急于施工时,可采取涂刷潮湿界面处理剂、基层处理剂等措施来改善涂料与基层的黏结性能,有条件时可采用能够在潮湿基层上固化的合成高分子防水涂料。涂料结膜不良与涂料品种及性能、施工工艺、原材料质量和涂料成膜环境等因素有关,应严格控制配料并保证充分搅拌。对溶剂型涂料,由于其固体含量较低,成膜过程中会产生大量有毒、可燃的溶剂挥发,应注意施工时的风向;对于水乳型涂料,由于是通过水分蒸发使固体微粒聚集成膜的,其过程较慢,若施工中遇到雨水则会被冲刷而破坏。

④防水层破损。原因有:由于涂膜防水层较薄,若施工时保护措施不到位,则容易遭到破损。

防治措施:坚持按程序施工,待屋面上其他工程全部完工后,再进行涂膜防水层的施工,防水层施工后7天以内严禁上人。

(4)施工质量标准与检查评价

为了加强防水工程施工质量控制,应按照建设部提出的"验评分离、强化验收、完善手段、过程控制"十六字方针采取相应措施。施工单位必须按照工程设计图纸和施工技术标准施工,不得擅自修改工程设计,不得偷工减料。按工程设计图纸施工,是保证工程实现设计意图的前提。屋面防水工程施工应符合《屋面工程施工质量验收规范》(GB 50207—2012)的相关规定。

防水涂料和胎体增强材料必须符合设计要求,严禁出现渗漏和积水现象,对薄弱部位均应进行防水增强处理,细部防水构造施工必须符合设计要求,涂膜防水层的厚度不应小于设计厚度的80%,与基层应黏结牢固并涂刷均匀。并应全部进行重点检查,以确保防水工程的质量。

涂膜防水工程的施工,应建立各道工序的自检、交接检和专职人员检查的"三检"制度,并有完整的检查记录。未经建设(监理)单位对上道工序的检查确认,不得进行下道工序的施工。涂膜防水工程验收的文件和记录体现了施工全过程控制,必须做到真实、准确且不得有涂改和伪造,各级负责人签字后生效。

屋面涂膜防水工程施工完毕后,先由施工班组自行按照屋面涂膜防水施工质量验收规范进行质量检查和验收,然后各班组之间进行互检,并提交验收表格,最后由工程技术人员组织各班组进行验收。

1.2.7　安全与环保

1)施工安全技术

①防水施工企业应当建立健全劳动安全生产教育培训制度,加强对职工安全生产的教育培训,未经安全生产教育培训的人员,不得上岗作业。

②防水工进入施工现场时,必须正确佩戴安全帽。安全帽规格必须符合《安全帽》(GB 2811—2007)的要求。

③高处作业施工要遵守《建筑施工高处作业安全技术规范》(JGJ 80—2016)的要求。

④凡在坠落高度基准面 2 m 以上、无法采取可靠防护措施的高处作业防水人员,必须正确使用安全带,安全带规格应符合《安全带》(GB 6095—2009)的要求。

⑤屋面防水施工使用的材料、工具等必须放置平稳,不得放置在屋面檐口、洞口或女儿墙上。

⑥遇有五级以上大风、雨雪天气,应停止施工,并对已施工的防水层采取措施加以保护。

⑦有机防水材料与辅料,应存放于专用的库房内。库房内应干燥通风,严禁烟火。

⑧施工现场和配料场地应通风良好,操作人员应穿软底鞋、工作服,并应扎紧袖口,佩戴手套及鞋套。

⑨涂刷基层处理剂和胶黏剂时,防水工应戴防毒口罩和防护眼镜,操作过程中不得用手直接揉擦皮肤。

⑩患有心脏病、高血压、癫痫病或恐高症的病人及患有皮肤病、眼病或刺激过敏者,不得参加防水作业。施工过程中发生恶心、头晕、过敏等现象时,应停止作业。

⑪在坡度较大的屋面施工时,应穿防滑鞋,并设置防滑梯,物料必须放置平稳。

⑫屋面防水施工应做到安全有序、文明施工、不损害公共利益。

⑬清理基层时应防止尘土飞扬。垃圾杂物应装袋运至地面,放在指定地点,严禁随意抛掷。

⑭施工现场禁止焚烧下脚料或废弃物,应集中处理。严禁防水材料混入土方回填。

⑮聚氨酯甲、乙组分及固化剂、稀释剂等均为易燃有毒物品,储存时应放在通风干燥且远离火源的仓库内,施工现场严禁烟火。操作时应严加注意,防止中毒。

⑯屋面四周没有女儿墙和未搭设外脚手架时,屋面防水施工必须搭设好防护栏杆,高度应大于 1.2 m,防护栏杆应牢固可靠。

2) 环保要求及措施

①采取一切合理措施,保护防水工程施工工作面的环境。

②施工时使用的砂浆要求是预拌砂浆或是提前拌好砂浆运至现场,施工用的白灰(块)不得使用袋灰。

③铲平原防水层时,用专门的吸尘器吸尘,防止污染环境。

④严格遵守国家及政府颁布的有关环境保护、文明施工及有关施工扰民、噪声控制的规定。

⑤保证在施工期间,现场的气体散发、地面排水及排污不超过法律、法规或规章规定的数值。

⑥任何情况下,在永久工程和临时工程中均不得使用任何对人体或环境有害的材料。

⑦屋面防水涂膜施工现场严禁吸烟。

⑧应及时清理施工区域的垃圾,严禁乱扔垃圾、杂物,保持生活区的干净、整洁,严禁在工地上燃烧垃圾。

⑨位于施工现场外的食堂和宿舍应严格执行当地卫生防疫有关规定,采取必要措施防

止蚊蝇、老鼠、蟑螂等疾病传染源的滋生和疾病流行。

⑩保护所有公众财产(包括现有的道路、树木、公共设施等),免受防水施工引起的损坏。

⑪在运输材料或废料、机具过程中严格执行当地人民政府的关于禁止车辆运输泄漏遗撒的规定,车辆进出现场禁止鸣笛。

⑫材料、构件、料具等堆放时,应悬挂名称、品种、规格等标牌。

⑬认真做到"工完、料净、场清",及时清理现场,保持施工工地整洁。

⑭落实施工扰民与民扰措施。

子项 1.3   细石混凝土保护层施工

采用细石混凝土浇捣而成的对柔性防水层或保温层起防护作用的构造层称为保护层。在混凝土中掺入膨胀剂、减水剂、防水剂等外加剂,可使浇筑后的混凝土细致密实,水分子难以通过,从而达到防水和保护防水层的目的。

细石混凝土保护层的特点是价格便宜,耐久性好,维修方便,但易受外界环境和结构变形的影响而产生裂缝。因此细石混凝土主要作为柔性防水层上面的保护层使用,不作为一层防水层使用。

1.3.1   导入案例

工程概况:某学校砖混结构大门,总高度为 6.0 m ,屋面面积为 24 m²。无组织排水,单坡不上人平屋面。屋面做法:60 厚细石混凝土保护层,3 厚(二布八涂)氯丁橡胶沥青防水涂料,20 厚 1∶2.5 水泥砂浆找平层,20 厚(最薄处)1∶8 水泥珍珠岩找 2% 坡,150 厚水泥珍珠岩,钢筋混凝土屋面板,表面清扫干净。

本工程主体工程施工完毕,施工现场满足屋面防水工程施工要求。屋面工程图纸通过会审,已编制了屋面工程防水施工方案。防水材料:氯丁橡胶沥青防水涂料、氯丁橡胶沥青防水涂料及辅助材料等。现场条件:预埋件已安装完毕,牢固。找平层排水坡度符合设计要求,强度、表面平整度符合规范规定,转角处抹成了圆弧形。施工负责人已向班组进行技术交底。现场专业技术人员、质检员、安全员、防水工等准备就绪。

1.3.2   本子项教学目标

1)知识目标

了解细石混凝土保护层的施工材料要求;熟悉细石混凝土保护层的构造层次和细部构造;掌握细石混凝土保护层的施工工艺及质量标准。

2)能力目标

能够配制防水砂浆及防水混凝土;能够根据工程特点选择适当的防水方法;能够组织细

石混凝土保护层施工;能够进行细石混凝土保护层质量检查与验收;能够组织细石混凝土保护层安全施工;能够对进场材料进行质量检验;能够分析常见的细石混凝土保护层施工质量问题,并能够有针对性地提出处理措施。

3) 品德素质目标

具有良好的政治素质和职业道德;具有良好的工作态度和责任心;具有良好的团队合作能力;具有组织、协调和沟通能力;具有较强的语言和书面表达能力;具有查找资料、获取信息的能力;具有开拓精神和创新意识。

1.3.3 细石混凝土保护层构造

屋面在防水层上设置细石混凝土保护层的构造,见图 1.48。细石混凝土保护层的混凝土应密实,表面抹平压光,并留设分格缝,分格面积不大于 36 m^2。

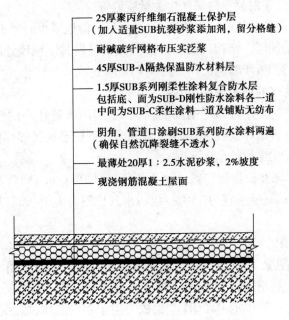

— 25厚聚丙纤维细石混凝土保护层
（加入适量SUB抗裂砂浆添加剂，留分格缝）
— 耐碱破纤网格布压实泛浆
— 45厚SUB-A隔热保温防水材料层
— 1.5厚SUB系列刚柔性涂料复合防水层
包括底、面为SUB-D刚性防水涂料各一道
中间为SUB-C柔性涂料一道及铺贴无纺布
— 阴角，管道口涂刷SUB系列防水涂料两遍
（确保自然沉降裂缝不透水）
— 最薄处20厚1∶2.5水泥砂浆，2%坡度
— 现浇钢筋混凝土屋面

图 1.48　细石混凝土保护层的屋面构造

1.3.4 使用材料与机具知识

1) 主要材料

(1) 防水混凝土

防水混凝土又称抗渗混凝土,是以调整混凝土配合比、掺加化学外加剂或采用特种水泥等方法,提高混凝土的自身密实性、憎水性和抗渗性,使其满足抗渗等级等于或大于抗渗等级 0.6 MPa(P6)要求的不透水性混凝土。防水混凝土主要用于水工工程、地下基础工程和屋面防水工程。

①混凝土的渗水原因。混凝土之所以产生渗水,从混凝土的内部结构看,主要是由于下

述原因形成了渗水通道：

a.混凝土中的游离水蒸发后，在水泥石的本身和水泥石与砂石骨料界面处，形成各种形状的缝隙和毛细管。

b.由于施工管理不严，施工质量不好，混凝土未振捣密实，从而形成缝隙、孔洞、蜂窝等，成为渗水通道。

c.混凝土拌合物保水性不良，浇筑后产生骨料下沉、水泥浆上浮，形成严重的泌水，蒸发水分后形成连通孔隙。

d.在混凝土凝结硬化的过程中，未按照施工规范的要求对混凝土进行养护，结果造成混凝土因养护不当形成许多塑性裂缝。

e.由于温度差、地基不均匀下沉或荷载作用，在混凝土结构中形成裂缝，从而形成渗水的通道。

f.混凝土在使用的过程中，由于受到侵蚀性介质的侵蚀，特别是有压力的侵蚀水的作用，使混凝土结构遭到破坏，在混凝土内部产生大量裂缝等。

由此可见，要制备高抗渗性的防水混凝土，必须尽可能地减少混凝土中的孔隙率和微裂缝及各种影响抗渗性的缺陷。结构混凝土抗渗等级是根据其工程埋置深度来确定的，按规范规定，设计抗渗等级为 P6、P8、P10、P12 以及 P12 以上。

②实现混凝土自防水的技术途径如下：

a.一般应在保证混凝土拌合物坍落度的前提下，采用渗透性小的骨料，尽量减小水灰比，适当提高水泥用量、砂率和灰砂比，以保证在粗骨料周围形成足够厚度的砂浆层，避免粗骨料直接接触而形成互相连通的渗水孔网。

b.抗渗混凝土的水泥和矿物掺和料总量不得小于 320 kg/m^3；粗骨料宜采用连续粒级，最大粒径不宜大于 40 mm；砂率宜为 35%~40%；水灰比不得大于 0.55；灰砂比宜为 1:1.5~1:2.5。

c.掺入外加剂，提高密实度。在混凝土中掺入适量的减水剂、三乙醇胺早强剂或氯化铁防水剂，均可以提高密实度，增加抗渗性。使用减水剂可减少混凝土用水量，又可使水充分分散，水化加速，水化产物增加；三乙醇胺是水化反应的催化剂，可增加水泥水化产物；氯化铁防水剂可与水泥水化产物中的 Ca(OH)$_2$ 生成不溶于水的胶体，填塞孔隙，从而配制出高密度、高抗渗的防水混凝土，如高水压容器或储油罐等，但其缺点是造价较高，掺量大于 3% 时对钢筋锈蚀及干缩影响较大。

d.使用膨胀水泥(或掺用膨胀剂)。用膨胀水泥配制的防水混凝土，会因膨胀水泥在水化过程中形成大量的钙矾石而产生膨胀。因此，在有约束的条件下，使用膨胀水泥(或掺膨胀剂)能改善混凝土的孔结构，使毛细孔减少，孔隙率降低，从而提高混凝土的密实度和抗渗性。目前掺用膨胀剂的方法应用广泛，但必须严格检查膨胀剂本身的质量，合格后方可使用。

e.改善混凝土内部孔隙结构。在混凝土中掺入适量的引气剂或引气型减水剂，可以使混凝土内产生微小的封闭气泡，它们填充了混凝土的孔隙，隔断了渗水通道，从而提高了混凝土密实度和抗渗性。

f.加强施工控制及养护。防水混凝土技术要求较高，施工中应尽量少留或不留施工缝，必须留施工缝时需设止水带,模板不得漏浆;原材料质量应严格控制;加强搅拌、振捣和养护工序等。

(2)防水砂浆

用作防水层的砂浆称为防水砂浆。砂浆防水层又称为细石混凝土,适用于不受振动和具有一定刚度的混凝土或砖石砌体的表面。防水砂浆主要有以下三种:

①水泥砂浆:是由水泥、细骨料、掺合料和水制成的砂浆。普通水泥砂浆多层抹面用作防水层。

②掺加防水剂的防水砂浆:是指在普通水泥中掺入一定量的防水剂而制成的防水砂浆,是目前应用最广泛的一种防水砂浆。常用的防水剂有硅酸钠类、金属皂类、氯化物金属盐及有机硅类。

③膨胀水泥和无收缩水泥配制砂浆。由于膨胀水泥和无收缩水泥具有微膨胀或补偿收缩性能,所以能提高砂浆的密实性和抗渗性。

防水砂浆的配合比为水泥与砂的质量比一般不宜大于 1:2.5,水灰比应为 0.50~0.60,稠度不应大于 80 mm。

防水砂浆施工方法有人工多层抹压法和喷射法等。各种方法都是以防水抗渗为目的,来减少内部连通毛细孔,提高密实度。

2)主要机具

细石混凝土屋面施工主要施工机具见表1.50。

表 1.50　细石混凝土屋面施工机具

类　型	名　称
拌和机具	混凝土搅拌机、砂浆搅拌机、磅秤等
运输机具	手推车、卷扬机、龙门架、井架、塔吊等
混凝土浇筑工具	铁锹、刮板、平板振动器、滚筒、木抹子、铁抹子、水准仪等
钢筋加工机具	钢筋调直机、钢筋切断机、钢筋成型机等
铺防水粉工具	筛子、裁纸刀、木压板、刮板、灰桶、灰刀等
灌缝工具	钢丝刷、吹尘器、毛刷、扫帚、水桶、铁锤、斧子、鸭嘴桶、油膏枪等
其　他	分格缝木条、木工锯等

1.3.5　细石混凝土保护层施工过程

1)施工计划

进行细石混凝土施工前,先要编制施工组织设计文件。

①制订施工方案,主要包括工程概况、施工方案编制依据、施工组织管理、施工计划、施工工艺、质量要求、质量保证措施、安全保证措施、环境保护措施等。

②进行施工机具及材料准备,详见本项目1.3.4。

③分组实施。根据编制的施工方案,分小组进行施工操作。施工前应进行技术交底,包括:施工的部位、施工顺序、施工工艺、工程质量标准,保证质量的技术措施,成品的保护措施和安全注意事项。

④质量验收。质量标准及检查方法详见本项目1.3.6。

2)施工现场准备

现场堆放场地应选择可以遮挡雨雪、无热源的仓库,并按照材料种类分别堆放,对易燃、易爆材料应设置警示牌并严禁烟火。

屋顶现浇结构层的混凝土振捣碾平后,待终凝前用铁抹子抹平,以便隔离层施工。对于采用预应力混凝土预制板的屋面结构层,要保证其安装质量,板缝大小要满足要求并保持一致,相邻板面高差不大于10 mm,如高差较大时应采用1:2.5的水泥砂浆局部找平。板缝应清理干净并洒水充分湿润,随即用细石混凝土灌缝并插捣密实。有条件时可采用掺入膨胀剂的细石混凝土,灌缝高度应与板面平齐,板底应采用板条吊缝。施工用的机具设备应试运转正常,能够投入使用。进行刚性屋面施工时,应及时掌握天气情况,24 h内气温不低于5 ℃,否则应采用冬期施工措施,气温也不应高于32 ℃。刚性屋面施工应避开雨期进行,应保证36 h内无雨,且不可在有五级及以上的大风时进行施工。

3)材料与机具准备

(1)材料准备

根据本案例屋面防水工程量,提出主要防水材料的需用量计划。

①混凝土材料:按设计要求备齐水泥、砂、石子及外加剂等。现浇细石混凝土防水层应按水灰比不大于0.55、水泥用量不小于330 kg/m³、砂率35%~40%、灰砂比1:2~1:2.5的原则备料,外加剂宜按使用说明书推荐参考用量的上限值配料。各种材料应按工程需要量一次备足,保证混凝土连续一次浇捣完成。

②钢筋:按设计要求,如设计无特殊要求时,可采用乙级冷拔低碳钢丝,直径4 mm。钢丝使用前应调直。

③嵌缝材料:宜采用改性沥青基密封材料或合成高分子密封材料,也可采用其他油膏或胶泥。北方地区应选用抗冻性较好的嵌缝材料。

④其他:当防水层采用钢纤维混凝土时,块体或粉状材料时,各类材料也应按工程需要量一次备足,以保证防水层连续施工。

(2)主要机具

根据本案例的屋面防水工程量,提出主要防水材料需用量计划。常用机具主要有:混凝土搅拌机、砂浆搅拌机、磅秤、手推车、卷扬机、龙门架、井架、塔吊、铁锨、刮板、平板振动器、滚筒、木抹子、铁抹子、水准仪、筛子、裁纸刀、木压板、刮板、灰桶、灰刀、钢丝刷、吹尘器、毛刷、扫帚、水桶、铁锤、斧子、鸭嘴桶、油膏枪、分格缝木条、木工锯等。

4)施工要点

常见的保护层有普通细石混凝土、补偿收缩混凝土、块体、预应力混凝土等。使用混凝土材料作保护层主要是依靠混凝土板面自身的密实性,并结合细部防水处理,以达到防水目的。

(1)细石混凝土保护层施工工艺

由细石混凝土或掺入减水剂、防水剂等外加剂的细石混凝土浇筑而成的保护层即为普通细石混凝土保护层。细石混凝土保护层一般是在柔性防水层上浇筑一层厚度不小于40 mm的细石混凝土。细石混凝土保护层的坡度一般宜为2%~3%。

细石混凝土保护层施工工艺流程:隔离层施工→绑扎钢筋→安装分格缝板条和边模→浇筑防水层混凝土→混凝土表面压光→混凝土养护→分格缝清理→涂刷基层处理剂→嵌填密封材料→密封材料保护层施工。

①找平层、隔离层施工。找平层厚度和技术要求见表1.51。

表 1.51 找平层厚度和技术要求

找平层分类	适用的基层	厚度(mm)	技术要求
水泥砂浆	整体现浇混凝土板	15~20	1:2.5 水泥砂浆
	整体材料保温层	20~25	
细石混凝土	装配式混凝土板	30~35	C20 混凝土,宜加钢筋网片
	板状材料保温层		C20 混凝土

找平层和隔离层可选用的材料种类很多,施工方法也不尽相同,现以常用的水泥砂浆找平层和毡砂隔离层为例进行说明。施工前,应先将结构层表面清扫干净并洒水湿润,但不得积水。铺设水泥砂浆找平层,压实抹光并养护。待水泥砂浆干燥后,铺设厚度为4~8 mm的干砂一层并刮平压实。然后在干砂层上铺设油毡一层,接缝处用热沥青黏结,使其形成平整的表面。对于采用现浇混凝土的结构层,当表面较为平整时,可不必另做砂浆找平层,而直接铺设干砂垫层。保温层上的找平层应留设分格缝,缝宽宜为5~20 mm,纵横缝的间距不宜大于6 m。

②分格缝的设置。为了防止大面积的细石混凝土保护层由于温度变化等的影响而产生裂缝,对其必须设置分格缝。分格缝又称分仓缝,应按设计要求进行设置,一般应留在结构应力变化较大的部位。如设计无明确规定,分格缝的留设原则为:分格缝应设在屋面板的支承端、屋面转折处、防水层与突出层面结构的交接处,其纵横间距不宜大于6 m;一般情况下,屋面板支承端每个开间应留设横向缝,屋脊处应留设纵向缝,分格面积不超过36 m²;分格缝宽度宜为10~20 mm,并应用密封材料嵌填。

③细石混凝土保护层配筋。保护层钢筋网片可采用直径4~6 mm的冷拔低碳钢丝,制成间距为150~200 mm的绑扎或点焊的双向钢筋网片。钢筋网片应放置在防水层的中上部。绑扎前要对钢筋进行调直,不得有弯曲的现象。绑扎用的钢丝收口应向下弯曲,不得露出细石混凝土保护层表面,钢筋的保护层厚度一般不应小于10 mm。

钢筋网片要保证位置的正确性且应在分格缝处断开,使细石混凝土保护层在该处能够自由伸缩。为保证分格缝位置正确,可采用先布满钢筋,再绑扎成型,其后在分格缝处将钢筋剪断的操作方法;也可将分格条开槽穿筋,使冷拔低碳钢丝调直拉伸并固定在屋面周边设置的临时支座上,待混凝土初凝后取出木条并剪断分格缝处的钢丝,然后拆除临时支座。

④细石混凝土保护层施工。在混凝土浇捣之前,应及时清除隔离层表面浮渣和杂物。施工时,先在隔离层上刷水泥浆一道,使防水层与隔离层紧密结合,随即浇筑防水层细石混凝土。混凝土的浇捣应按先远后近、先高后低的原则进行。

细石混凝土应按防水混凝土的要求进行配制,水灰比不应大于0.55,每平方米混凝土的水泥用量不小于330 kg,砂率宜为35%~40%,灰砂比宜为1∶2~1∶2.5。若采用补偿收缩混凝土,应将其自由膨胀率控制在0.05%~0.1%。

细石混凝土应采用机械搅拌,其搅拌时间一般不应少于2 min,在运输过程中要防止发生分层离析的现象。浇筑前,先在隔离层上确定分格缝的位置并固定分格条,一个分格缝范围内的混凝土必须一次浇筑完毕,不得留施工缝。

混凝土浇筑后应采用机械振捣以保证其密实度,待表面泛浆后抹平,并确保防水层的设计厚度和排水坡度。抹压时要严禁在表面洒水、加水泥浆和撒干水泥。在混凝土初凝后取出分格缝处的木条,并对分格缝处的缺损进行修补,使其顺直和光滑,同时应进行二次表面压光,必要时可在终凝前进行三次压光,以提高其抗渗性。

在混凝土浇筑12~14 h后,应进行覆盖浇水养护,有条件时可采用蓄水养护,蓄水深度在50 mm左右。养护时间不少于14 d,养护期间禁止上人踩踏,以保证防水层的施工质量。

细石混凝土保护层施工时,屋面泛水与屋面保护层应一次做成,否则会因混凝土或砂浆收缩不同和结合不良而造成渗漏水的情况。泛水高度一般不低于250 mm,以防发生雨水倒灌引起渗漏水的问题。

⑤分格缝嵌填。分格缝的嵌填应待保护层混凝土干燥并达到设计强度后进行,其做法主要有盖缝式、灌缝式和嵌缝式三种,其中盖缝式只适用于屋脊分格缝和顺水流方向的分格缝。

a.采用盖缝式的方法处理分格缝时,应将分格缝两侧的混凝土做成高出防水层表面120~150 mm的直立反口。保护层混凝土硬化后,用清缝机或钢丝刷清理缝内的杂物,再用吹尘器吹干净。缝内用沥青砂浆或水泥砂浆填实并用盖瓦盖缝。盖瓦只能单边填实,以免防水层热胀冷缩时被拉裂。每片盖瓦搭接尺寸不少于30 mm,檐口处伸出不少于30 mm。

b.采用灌缝式或嵌缝式处理分格缝时,应从屋面最低处开始向上连续进行。一般先做垂直屋脊的分格缝,后做平行屋脊的分格缝。在灌垂直屋脊缝时,应向平行屋脊缝两侧延伸150 mm,并留置斜槎,同时还要保证缝内的密封材料饱满且略高于板缝。工程中通常采用油膏嵌缝的方法,或再增设覆盖保护层予以保护,如图1.49所示。

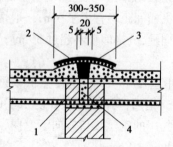

图1.49 分格缝嵌填做法
1—沥青麻丝;2—玻璃布贴缝(或卷材贴缝);
3—防水接缝材料;4—细石混凝土

（2）防水混凝土施工要点

①细石混凝土基层控制要点如下：

a.细石混凝土对基层结构变形的适应能力较差,基层结构宜采用整体现浇混凝土屋面板。

b.当基层采用预制装配式钢筋混凝土板时,要用强度等级不小于 C20 的混凝土灌缝。灌缝用的细石混凝土宜掺入微膨胀剂,灌缝前应严格清理板缝杂物。当板缝大于 40 mm 时,应在缝内设置构造钢筋。灌缝时要采用吊模防止漏浆并插捣密实。预制装配式钢筋混凝土板的端部要进行密封处理,以防端部变形开裂。

c.细石混凝土常用于平屋面防水,其坡度宜为 2%~3%,并采用结构找坡,以保证防水层厚度一致。对于天沟、檐沟处,要用砂浆找坡,以利于结构稳定。

d.隔离层应采用纸筋灰、麻刀灰、低强度等级砂浆及油毡、薄膜铺于基层,且不得留有空白处。

②细石混凝土厚度、强度要点如下：

a.细石混凝土厚度不应小于 40 mm,但也不得过厚。

b.为避免产生温度裂缝和限制裂缝宽度,应在防水层内配置直径 4~6 mm 的双向钢筋网片,间距为 150~200 mm。钢筋网片应在分格缝处断开,且保护层厚度不小于 10 mm,不得有漏筋现象。

c.细石混凝土强度等级不小于 C20,并与结构层混凝土强度一致。

③普通细石混凝土屋面施工控制要点如下：

a.浇筑前应将用水充分浸泡后的分格缝木条及凹槽木条用少量的防水混凝土固定,清理干净基层表面和钢筋上的油污。

b.混凝土宜采用平板式振动器振捣密实。

c.伸出屋面管道与细石混凝土交接处应留设缝隙,缝隙内嵌填密封材料,上部加设柔性材料附加层,附加层收头采取密封措施。

d.天沟、檐沟应用水泥砂浆找坡,厚度大于 20 mm 时宜采用细石混凝土。

e.屋面细石混凝土与天沟、檐沟的交接处应留出凹槽,并用密封材料封严。

f.掺入防水剂或减水剂时,计量要准确,投料顺序要得当,并搅拌均匀。

g.分格缝截面宜做成上宽下窄,以便于起模。

h.钢筋可采用绑扎或焊接连接。绑扎时,端头要弯钩,搭接长度必须大于 250 mm。焊接时,搭接长度不小于 25 倍的钢筋直径。在一个网片的同一断面内,接头不得超过钢筋断面积的 1/4。

1.3.6 安全、质检与环保

1）施工安全技术

细石混凝土施工是在高空条件下进行的,必须采取必要的措施,防止发生伤人、坠落等事故。

①施工前应进行安全技术交底工作,施工操作过程应符合安全技术规定。

②操作人员应按有关规定配备劳保用品,合理使用。接触有毒材料时,需佩戴口罩并加强通风。

③高空作业人员不得过分集中,必要时应系安全带。

④屋面施工时,不允许穿带钉子鞋的人员进入。施工人员不得踩踏未固化的防水层材料。

⑤屋面四周、洞口、脚手架边均应设有防护栏和支设安全网,严防发生坠物伤人和高空作业人员坠落事故。

⑥材料堆放应离开基坑边 1 m 以外,重物应放置在边坡安全距离以外。

2)施工质量标准与检查评价

(1)保护层施工质量标准与检查评价

块体材料、水泥砂浆或细石混凝土保护层与女儿墙和山墙之间,应预留宽度为 30 mm 的缝隙,缝内宜填塞聚苯乙烯泡沫塑料,并应用密封材料嵌填密实。保护层质量标准和检验方法见表 1.52。

表 1.52 保护层质量标准和检验方法

项次	项 目		质量要求或允许偏差	检验方法
1	主控 2 项目	材料质量	保护层所用材料的质量及配合比,应符合设计要求	检查出厂合格证、质量检验报告和计量措施
2		材料强度等级	块体材料、水泥砂浆或细石混凝土保护层的强度等级,应符合设计要求	检查块体材料、水泥砂浆或细石混凝土抗压强度试验报告
3	一般项目	排水坡度	保护层的排水坡度,应符合设计要求	坡度尺检查
4		表面干净、接缝平整、无空鼓	块体材料保护层表面应干净,接缝应平整,周边应顺直,镶嵌应正确,应无空鼓现象	小锤轻击和观察检查
5		裂纹、脱皮、麻面、起砂	水泥砂浆或细石混凝土保护层不得有裂纹、脱皮、麻面和起砂等现象	观察检查
6		外观质量	浅色涂料应与防水层黏接牢固,厚薄应均匀,不得漏涂	观察检查

保护层的允许偏差和检验方法应符合表 1.53 的规定。

表 1.53　保护层的允许偏差和检验方法

项　目	允许偏差（mm）			检验方法
	块体材料	水泥砂浆	细石混凝土	
表面平整度	4.0	4.0	5.0	2 m 靠尺和塞尺检查
缝格平直	3.0	3.0	3.0	拉线和尺量检查
接缝高低差	1.5	—	—	直尺和塞尺检查
板块间隙宽度	2.0	—	—	尺量检查
保护层厚度	设计厚度的 10%，且不得大于 5 mm			钢针插入和尺量检查

（2）隔离层施工质量标准与检查评价

块体材料、水泥砂浆或细石混凝土保护层与卷材、涂膜防水层之间，应设置隔离层。隔离层可采用干铺塑料膜、土工布、卷材或铺抹低强度等级砂浆。隔离层质量标准和检验方法见表 1.54。

表 1.54　隔离层质量标准和检验方法

项次	项　目		质量要求或允许偏差	检验方法
1	主控项目	材料质量	隔离层所用材料的质量及配合比，应符合设计要求	检查出厂合格证和计量措施
2		表面	隔离层不得有破损和漏铺现象	观察检查
3	一般项目	搭接	塑料膜、土工布、卷材应铺设平整，其搭接宽度不应小于 50 mm，不得有皱褶	观察和尺量检查
4		外观检查	低强度等级砂浆表面应压实、平整，不得有起壳、起砂现象	观察检查

（3）施工质量通病及防治

①屋面开裂。原因主要有：

a.因地基不均匀沉降，屋面结构层产生较大变形等原因，形成结构裂缝而使防水层开裂。此类裂缝常发生在屋面板的拼缝处，宽度较大，并穿过防水层上下贯通。

b.温度裂缝：由于季节性温差、防水层上下温差较大，且防水层变形受约束，温度应力使防水层开裂。温度裂缝一般是通长和有规则的，裂缝分布较均匀。

c.收缩裂缝：由于防水层混凝土干缩和冷缩而引起，一般分布在混凝土表面，纵横交错，没有规律性，裂缝一般较短而细。

d.施工裂缝：混凝土配合比设计不当、振捣不密实、收光不好和养护不良等因素造成。

施工裂缝无规则,且长度不等。

防治屋面开裂的措施是:

a.对于不适合做屋面保护层的地方应避免使用细石混凝土,如地基沉降不均匀,结构层刚度差,设有松散材料保温层、受较大振动或冲击荷载的建筑,屋面结构复杂的结构等。

b.加强结构层刚度,混凝土保护层严格按要求设置分格缝,并做好分格缝处的密封处理。钢筋网严格按要求施工。

c.严格控制混凝土配合比和水灰比,提倡使用减水剂等外加剂,有条件时宜采用补偿收缩混凝土,或对防水层施加预应力。

d.认真做好防水层混凝土的养护工作。

②防水层起壳、起砂。原因主要有:混凝土防水层施工质量不好,未严格进行压实收光;养护不良,尤其是要保证早期养护;细石混凝土长期暴露在大气中,长期日晒雨淋会导致其面层发生碳化现象。

防治防水层起壳、起砂的措施是:

a.认真做好清基、摊铺、滚压、收光、抹平和养护工作;滚压时宜用 30~50 kg 的滚筒进行 4~5 遍的滚压,直到混凝土表面出现拉毛状水泥浆为止;然后抹平,待一定时间后,再抹第二遍和第三遍,以使混凝土表面平整光滑。

b.宜采用补偿收缩混凝土,水泥用量不宜过高,细集料应尽量采用中砂或粗砂,混凝土施工应避开高温和低温条件,也不可在风沙和雨雪天气中施工。

c.根据使用功能要求,在防水层上做架空隔热层、绿化屋面、蓄水屋面等,也可以做饰面或刷防水涂料保护层。当防水层表面发生轻微起壳、起砂时,可将其表面凿毛,扫去浮灰杂质,然后加抹厚度为 10 mm 的防水砂浆。

③防水层渗漏。原因主要有:屋面基层因结构变形不均匀产生应力集中;各种构件的连接缝处因尺寸不一、材料收缩和温度变形不一致,使填缝混凝土脱落;分格缝与基层板缝错位;分格缝或其他接缝处未清理干净或不干燥,导致密封材料黏结不牢固或密封材料质量较差,造成防水层开裂引起渗漏。

防治防水层渗漏的措施是:

a.屋面板的选择应以板的刚度作为主要依据,灌缝混凝土中宜掺入微膨胀剂,提高基层的整体抗变形能力,并保证分格缝与基层板缝、变形缝对齐。

b.突出屋面结构的接缝处除了按常规做法处理外,还应增设卷材或涂膜防水层。对于附加防水层的高度,迎水面不低于 250 mm,背水面不低于 200 mm,烟囱和排气管处不低于 150 mm。

c.所有接缝均应用压力水冲洗干净、晾干或用喷灯烘干,然后按设计要求放置背衬材料和嵌填密封材料。

(4)工程质量验收

为了加强防水工程施工质量控制,应严格按照建设部提出的"验评分离、强化验收、完善手段、过程控制"十六字方针采取相应的措施。施工单位必须按照工程设计图纸和施工技术标准施工,不得擅自修改工程设计,不得偷工减料。按工程设计图纸施工,是保证工程实现设计意图的前提。屋面防水工程施工应符合《屋面工程施工质量验收规范》(GB 50207—2012)的相关规定。

屋面防水工程施工中,在屋面的天沟、檐沟、泛水、落水口、檐口、变形缝、伸出屋面管道等部位,是最容易出现渗漏的薄弱环节。因此,对这些部位均应进行防水增强处理。细部防水构造施工必须符合设计要求,并应全部进行重点检查,以确保屋面工程的质量。另外,完整的施工资料是屋面工程验收的重要依据,也是整个施工过程的记录。

屋面防水工程的施工,应建立各道工序的自检、交接检和专职人员检查的"三检"制度,并有完整的检查记录。未经建设(监理)单位对上道工序的检查确认,不得进行下道工序的施工。屋面防水工程验收的文件和记录体现了施工全过程控制,必须做到真实、准确且不得有涂改和伪造,各级负责人签字后生效。

屋面混凝土保护层施工完毕后,先由施工班组自行按照屋面混凝土保护层施工质量验收规范进行质量检查和验收,然后各班组之间进行互检,并提交验收表格,最后由工程技术人员组织各班组进行验收。

3)环保要求及措施

①采取一切合理措施,保护防水工程施工工作面的环境。

②施工时使用的砂浆应为预拌砂浆或者是提前拌好砂浆运至现场,施工用的白灰(块)不得使用袋灰。

③铲平原防水层时,用专门的吸尘器吸尘,防止污染环境。

④严格遵守国家及政府颁布的有关环境保护、文明施工及有关施工扰民、噪声控制的规定。

⑤保证施工期间,现场中气体散发、地面排水及排污不超过法律、法规或规章规定的数值。

⑥在任何情况下,在永久工程和临时工程中均不使用任何对人体或环境有害的材料。

⑦屋面防水涂膜施工现场严禁吸烟。

⑧应及时清理施工区域的垃圾,严禁乱扔垃圾、杂物,保持生活区的干净、整洁,严禁在工地上燃烧垃圾。

⑨位于施工现场外的食堂和宿舍严格执行当地卫生防疫有关规定,采取必要措施防止蚊蝇、老鼠、蟑螂等疾病传染源的滋生和疾病流行。

⑩保护所有公众财产(包括现有道路、现有树木、现有公共设施等),免受防水施工引起的损坏。

⑪在运输材料或废料、机具过程中,严格执行当地的人民政府关于禁止车辆运输泄漏遗撒的规定,车辆进出现场禁止鸣笛。

⑫材料、构件、料具等堆放时,应悬挂有名称、品种、规格等信息的标牌。

⑬认真做到"工完、料净、场清",及时清理现场,保持施工工地整洁。

⑭落实施工扰民与民扰协调措施。

实训课题　屋面节点防水施工

1) 材料

SBS改性沥青自粘防水卷材、金属压条、钉子、密封胶、基层处理剂等。

2) 工具

铁锹、扫帚、手锤、钢凿、抹布、滚刷、油漆刷、剪刀、卷尺、粉笔、压辊、灭火器等。

3) 实训内容

分小组完成图1.50所示的屋面上人孔、排气道、阴阳角、女儿墙和山墙节点防水卷材附加层施工。

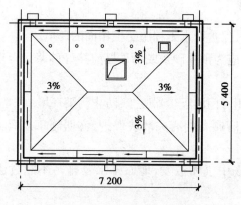

图1.50　屋顶平面图

4) 实训要求

①上人孔、排气道的卷材附加层,各自裁剪一块600 mm×600 mm和400 mm×400 mm的卷材,铺贴上人孔或排气道上。先铺贴较大的一块,再铺贴小块。铺贴的卷材要用手持压辊滚压密实。

②阴阳角位附加增强层:将1 m幅宽卷材平均裁成1/3幅宽,长度1 m,中对中铺贴于阴阳角,用压辊滚压密实。

③女儿墙和山墙节点防水卷材附加层,裁剪一块600 mm×1 000 mm的卷材,铺贴至女儿墙或山墙的凹槽处,上端收头用钉子将金属压条固定,再用密封胶密封。

5) 考核与评价

屋面节点防水施工实训项目成绩评定采用学生自评、互评和老师评价三结合的方法。

按照表1.55对屋面节点防水施工进行质检、评价,并确定成绩。

表 1.55　屋面节点防水施工成绩评定表

序号	项　　目	满分	评定标准	得分
1	基层处理	5	表面干净、干燥	
2	涂刷基层处理剂	5	均匀不露底,一次涂好,不能过薄或过厚	
3	上人孔卷材附加层	20	先铺贴较大的一块,再铺贴小块,卷材滚压密实,搭接尺寸符合规范要求	
4	排气道卷材附加层	20	先铺贴较大的一块,再铺贴小块,卷材滚压密实,搭接尺寸符合规范要求	
5	阴阳角位附加增强层	10	卷材滚压密实	
6	女儿墙和山墙节点卷材附加层	15	卷材滚压密实,上端收头用钉子将金属压条固定要牢固,密封胶密封	
7	安全文明施工	10	按本项目相关内容执行	
8	团队协作能力	7	小组成员配合操作	
9	劳动纪律	8	不迟到、不旷课、不做与实训无关的事情	

项目小结

　　本项目包括卷材防水屋面施工、涂膜防水屋面施工、细石混凝土保护层施工 3 个子项目,具体介绍了屋面细部构造、使用材料与施工机具等基本知识,重点讲解了屋面防水层施工过程(包含施工计划、施工准备、施工工艺、安全管理、质量检查验收以及环保要求)。通过本项目的学习,使学生具有对进场材料进行质量检验的能力,具有编制屋面防水工程施工方案的能力,具有组织屋面防水工程施工的能力,能够按照国家现行规范对屋面防水工程进行施工质量控制与验收,能够组织安全施工。通过分小组完成实训任务,有利于培养学生的责任心、团队协作能力、开拓精神和创新意识等,增强其政治素质,提升其职业道德。

项目 2
厕浴间防水工程施工

 项目导读

- **基本要求** 通过本项目的学习,熟悉厕浴间防水工程的细部构造、防水材料的选用;能够对进场的防水材料进行检验;能够编制厕浴间防水工程防水施工方案,组织厕浴间防水工程施工,进行厕浴间防水工程的施工质量控制和验收,并能够组织安全施工。
- **重点** 厕浴间防水工程的施工质量控制;厕浴间防水工程的质量验收。
- **难点** 厕浴间防水工程的施工质量控制。

建筑工程的厕浴间在使用过程中常有积水。许多房屋建筑(尤其是住宅建筑),使用一段时间后就会出现不同程度的渗漏现象,日复一日,内墙面会因渗漏而出现大面积剥落,并因长时间渗漏潮湿而导致发霉变味,直接影响住户的身体健康。厕浴间渗漏不仅易使上下楼层邻居之间发生矛盾,扰乱人们的正常生活、工作、生产秩序,而且对建筑结构构件有一定的侵蚀作用,直接影响到整栋建筑物的使用寿命。由此可见,厕浴间防水效果的好坏,对建筑物的质量至关重要。厕浴间防水工程在建筑工程中占有十分重要的地位,在整个建筑工程施工中,必须严格、认真地做好厕浴间防水工程。

卫生间防水等级和设防要求见表 2.1。

表 2.1 卫生间防水等级和设防要求

项 目	防水等级		
	I	II	III
建筑物类别	要求高的大型公共建筑、高级宾馆、纪念性建筑等	一般公共建筑、餐厅、商住楼、公寓等	一般建筑

续表

项　目		防水等级			
		I	II		III
地面设防要求		二道防水设防	一道防水设防或刚柔复合防水		一道防水设防
选用材料	地面（mm）	合成高分子防水涂膜厚1.5 聚合物水泥砂浆厚15 细石防水混凝土厚40	选用材料	单独用 / 复合用	高聚物改性沥青防水涂料厚2或防水砂浆厚20
			高聚物改性沥青防水涂料	3 / 2	
			合成高分子防水涂料	1.5 / 1	
			防水砂浆	20 / 10	
			聚合物水泥砂浆	7 / 3	
			细石混凝土	40 / 40	
	墙面（mm）	聚合物水泥砂浆厚10	防水砂浆厚20,聚合物水泥砂浆厚7		防水砂浆厚20
	天棚	合成高分子防水涂料憎水剂	憎水剂		憎水剂

子项 2.1　厕浴间节点防水施工

2.1.1　导入案例

工程概况:某工程地上 11 层,局部 6 层,地下 2 层,建筑面积:216 500 m²,建筑物檐高为 48 m。卫生间防水采用单组分环保型聚氨酯涂膜防水层,防水平面施工构造图见图 2.1。

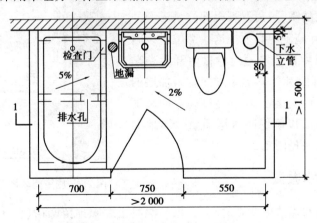

图 2.1　厕浴间防水平面施工构造图

本工程主体工程施工完毕,施工现场满足厕浴间防水工程施工要求。工程图纸通过了会审,编制了厕浴间防水工程的施工方案。防水材料使用单组分环保型聚氨酯涂料及辅助材料等。机具使用防水施工用电动搅拌器、拌料桶、橡胶刮板、滚动刷(刷底胶用)、油工铲刀等机具准备就绪。现场条件：管道安装完毕，牢固；找平层排水坡度符合设计要求，强度、表面平整度符合规范规定，转角处抹成了圆弧形；施工负责人已向班组进行技术交底，现场专业技术人员、质检员、安全员、防水工等准备就绪。

2.1.2　本子项教学目标

1）知识目标

了解厕浴间防水材料品种和质量要求；熟悉厕浴间节点构造；掌握厕浴间的节点防水施工工艺。

2）能力目标

能够确定厕浴间防水材料；能够编制厕浴间节点防水工程施工方案；能够进行厕浴间节点防水工程施工；能够进行厕浴间节点防水工程施工质量控制与验收；能够组织厕浴间节点防水安全施工；能够对进场材料进行质量检验。

3）品德素质目标

具有良好的政治素质和职业道德；具有良好的工作态度和责任心；具有良好的团队合作能力；具有组织、协调和沟通能力；具有较强的语言和书面表达能力；具有查找资料、获取信息的能力；具有开拓精神和创新意识。

2.1.3　厕浴间节点构造

1）墙地面交接处防水做法

厕浴间防水层的阴、阳角及管根部位是渗漏的多发地带，所以实际施工中必须在这些部位增设附加层。附加层可以用聚乙烯丙纶卷材剪开后粘贴形成，也可以用其他防水涂料做附加层。附加层的尺寸为墙面与楼地面交接处、平面宽度与立面高度均不应小于 100 mm，以确保防水层质量。墙地面交接处附加增强做法见图 2.2。

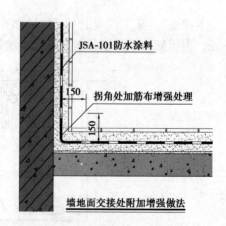

墙地面交接处附加增强做法

图 2.2　厕浴间墙地面交接处构造做法

2）管根部防水做法

厕浴间管根防水做法见图 2.3。在管根与混凝土之间预留凹槽（深 10 mm、宽 10 mm），凹槽内应嵌填密封膏，然后再施工防水涂料。如果在防水施工前未做凹槽嵌缝处理，则应凿缝嵌嵌止水条并用防水堵漏宝封堵后再涂刷防水涂料。

穿过楼板的套管，在管体的黏结高度不应小于 20 mm，平面宽度不应小于 150 mm，见图 2.4。

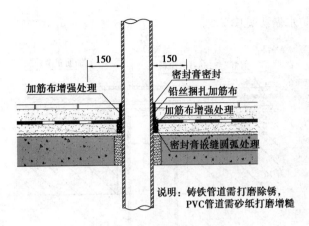

说明：铸铁管道需打磨除锈，
PVC管道需砂纸打磨增糙

图 2.3　厕浴间管根处构造做法

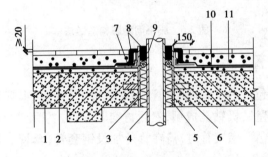

图 2.4　穿楼板管道防水做法

1—结构楼板；2—找平找坡层；3—防水套管；4—穿楼板管道；
5—阻燃密实材料；6—止水环；7—附加防水层；8—高分子密封材料；
9—背衬材料；10—防水层；11—地面砖及结合层

3) 地漏处防水做法

①一般在楼板上预留管孔，然后再安装地漏。地漏立管安装固定后，将管孔四周混凝土松动石子清除干净，浇水湿润，然后板底支模板，灌1∶3水泥砂浆或 C20 细石混凝土，捣实、堵严、抹平。细石混凝土宜掺微膨胀剂。

②厕浴间垫层向地漏处找 1%~3% 坡度，垫层厚度小于 30 mm 时用水泥混合砂浆；大于 30 mm 时用水泥炉渣材料或用 C20 细石混凝土一次找坡、找平、抹光。

③地漏上口四周用 20 mm×20 mm 密封材料封严，上面做涂膜防水层。

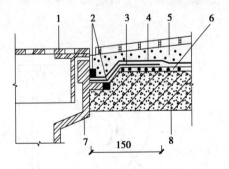

图 2.5　室内地漏防水构造

1—地漏盖板；2—密封材料；3—附加层；
4—防水层；5—地面砖及结合层；
6—水泥砂浆找平层；7—地漏；8—混凝土楼板

④地漏与地面混凝土间应留置凹槽，用合成高分子密封胶进行密封防水处理。地漏四周应设置加强防水层，加强层宽度不应小于 150 mm。防水层在地漏收头处，应用合成高分子密封胶进行密封防水处理，见图 2.5。

厕浴间地漏处防水做法见图 2.6。

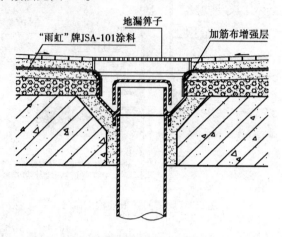

图 2.6 厕浴间地漏构造做法

4) 穿楼板管道设置

①穿楼板管道一般包括热水管、暖气管、污水管、燃气管、排水管等,一般均在楼板上预留管孔或采用手持式薄壁钻机钻孔成型,然后再安装立管。管孔一般比立管外径大 40 mm 以上。如为热水管、暖气管、燃气管时,需在管外加设钢套管,套管上口应高出地面 20 mm,下口与板底齐平,留管缝 2~5 mm。

②一般来说,穿楼板管道应临近墙边安设,单面临墙的管道离墙净距不应小于 50 mm;双面临墙的管道一面不应小于 50 mm,另一面不应小于 80 mm,见图 2.7。

③管道与管道的净距不应小于 60 mm,穿楼板管道应设置止水套管或其他止水措施,套管直径应比管道大 1~2 级标准,套管高度应高出装饰地面 20~50 mm。套管与管道间用阻燃密实材料填实,上口应留 10~20 mm 凹槽嵌入高分子弹性密封材料。

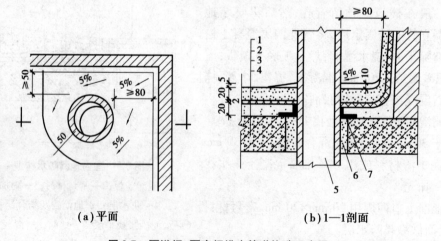

(a)平面 (b)1—1剖面

图 2.7 厕浴间、厨房间排水管道构造示意图

1—水泥砂浆保护层;2—涂膜防水层;3—水泥砂浆找平层;4—楼板
5—穿楼板管道;6—补偿收缩嵌缝砂浆;7—"L"形橡胶膨胀止水条

2.1.4 使用材料与机具知识

1)主要材料

聚氨酯防水涂料按组分分为单组分(S)和多组分(M)两类,按产品拉伸性能分为 Ⅰ 和 Ⅱ 类。

(1)单组分环保型聚氨酯防水涂料

单组分环保型聚氨酯防水涂料是由异氰酸酯、聚醚等经加成聚合反应而成的含异氰酸酯基的预聚体,配以催化剂、无水助剂、无水填充剂、溶剂等,经混合等工序加工制成的单组分聚氨酯防水涂料。

聚氨酯防水涂料是一种液态施工的单组分环保型防水涂料,它以进口聚氨酯预聚体为基本成分,无焦油和沥青等添加剂与空气中的湿气接触后固化,在基层表面形成一层坚固的、坚韧的无接缝整体防护膜。

聚氨酯防水涂料具有以下特点:

①具有高强度、高延伸率、高固含量,黏结力强。

②自然流平,延伸性好,能克服基层开裂带来的渗漏。

③常温施工,操作简便,无毒无害,耐候性、耐老化性能优异。

④施工方便,克服了双组分聚氨酯防水涂料需计量搅拌的缺点,保证了产品质量的稳定和工程的防水效果。

聚氨酯防水涂料技术指标见表 2.2 和表 2.3。

表 2.2 单组分聚氨酯防水涂料物理力学性能

序号	项 目			Ⅰ	Ⅱ
1	拉伸强度(MPa)		≥	1.9	2.45
2	断裂伸长率(%)		≥	550	450
3	撕裂强度(N·mm)		≥	12	14
4	低温弯折性		≤	-40	
5	不透水性(0.3 MPa,30 min)			不透水	
6	固体含量(%)		≥	80	
7	表干时间(h)		≤	12	
8	实干时间(h)		≤	24	
9	加热伸缩率(%)		≤	1.0	
			≥	-4	
10	潮湿基面黏结强度[a](MPa)			0.5	
11	定伸时老化	加热老化		无裂纹及变形	
		人工气候老化[b]		无裂纹及变形	

续表

序号	项 目			Ⅰ	Ⅱ
12	热处理	拉伸强度保持率(%)		80~150	
		断裂伸长率(%)	≥	500	400
		低温弯折性(℃)	≤	−35	
13	碱处理	拉伸强度保持率(%)		60~150	
		断裂伸长率(%)	≥	500	400
		低温弯折性(℃)	≤	−35	
14	酸处理	拉伸强度保持率(%)		80~150	
		断裂伸长率(%)	≥	500	400
		低温弯折性(℃)	≤	−35	
15	人工气候老化[b]	拉伸强度保持率(%)		80~150	
		断裂伸长率(%)	≥	500	400
		低温弯折性(℃)	≤	−35	

注:a 仅用于地下工程潮湿基面时要求。

b 仅用于外露使用的产品。

表2.3　多组分聚氨酯防水涂料物理力学性能

序号	项 目			Ⅰ	Ⅱ
1	拉伸强度(MPa)		≥	1.9	2.45
2	断裂伸长率(%)		≥	450	450
3	撕裂强度(N·mm)		≥	12	14
4	低温弯折性		≤	−35	
5	不透水性(0.3 MPa,30 min)			不透水	
6	固体含量(%)		≥	92	
7	表干时间(h)		≤	8	
8	实干时间(h)		≤	24	
9	加热伸缩率(%)		≤	1.0	
			≥	−4	
10	潮湿基面黏结强度[a](MPa)			0.50	
11	定伸时老化	加热老化		无裂纹及变形	
		人工气候老化[b]		无裂纹及变形	
12	热处理	拉伸强度保持率(%)		80~150	
		断裂伸长率(%)	≥	400	
		低温弯折性(℃)	≤	−30	

续表

序号	项 目			I	II
13	碱处理	拉伸强度保持率(%)		60~150	
		断裂伸长率(%)	≥	400	
		低温弯折性(℃)	≤	−30	
14	酸处理	拉伸强度保持率(%)		80~150	
		断裂伸长率(%)	≥	400	
		低温弯折性(℃)	≤	−30	
15	人工气候老化[b]	拉伸强度保持率(%)		80~150	
		断裂伸长率(%)	≥	400	
		低温弯折性(℃)	≤	−30	

注:a 仅用于地下工程潮湿基面时要求。
　　b 仅用于外露使用的产品。

(2)多组分聚氨酯防水涂料

多组分聚氨酯防水涂料是一种化学反应型涂料,以双组分形式使用,由甲组分和乙组分按规定比例配合后,发生化学反应,由液态变为固态,形成较厚的防水涂膜。

①主体材料如下:

甲组分:异氰酸基含量,以 3.5%±0.2%为宜。

乙组分:羟基含量,以 0.7%±0.1%为宜。

甲、乙料易燃、有毒、均用铁桶包装,储存时应密封,进场后放在阴凉、干燥、无强日光直晒的库房(或场地)存放。施工操作时应按厂家说明的比例进行配合,操作场地要防火、通风,操作人员应戴手套、口罩、眼镜等,以防溶剂中毒。

②主要辅助材料如下:

磷酸或苯磺酰氯:凝固过快时,作缓凝剂用;

二月桂酸二丁基锡:凝固过慢时,作促凝剂用;

二甲苯:清洗施工工具用;

乙酸乙酯:清洗手上凝胶用;

107 胶:修补基层用;

玻璃丝布(幅宽 90 cm,14 目)或无纺布;

石渣:$\phi 2$ mm 左右,黏结过渡层用;

水泥:42.5 级以上硅酸盐水泥、普通硅酸盐水泥或矿渣硅酸盐水泥,补基层用。

③聚氨酯防水涂料必须经试验合格方能使用,其技术性能应符合以下要求:

固体含量:≥93%;

抗拉强度:0.6 MPa 以上;

延伸率:≥300%;

柔度:在−20 ℃绕 $\phi 20$ mm 圆棒无裂纹;

耐热性:在 85 ℃。加热 5 h,涂膜无流淌和集中气泡;

不透水性:动水压 0.2 MPa 恒压下 1 h 不透水。

双组分聚氨酯防水涂料具有较高的强度和延伸性,对基层开裂或伸缩的适应性强;和基层粘接牢固,既可以和混凝土、木材、金属、陶瓷、石棉瓦等有极强的黏结力,也可作黏合剂使用;施工简便,是一种冷施工的防水涂料,施工时仅需将甲、乙两组分按比例混匀,刷涂在防水基层上即可;维修容易,只需对损坏部位局部修补,就可达到原有的防水效果,省时、省力、费用低;为环保型产品,产品气味小,减轻了对人和环境的影响和损害。

(3)聚酯无纺布胎体增强材料

聚酯无纺布,俗称涤纶纤维,是纤维分布无规则的毡,其拉伸强度最高,属高抗拉强度、高延伸率的胎体材料。作为胎体增强材料,要求聚酯无纺布布面平整、纤维均匀,无皱褶、分层、空洞、团状、条状等缺陷。胎体增强材料的贮运、保管环境应干燥、通风,并应远离火源、热源。

进场的防水涂料和胎体增强材料应检验下列项目:

①高聚物改性沥青防水涂料的固体含量、耐热性、低温柔性、不透水性、断裂伸长率或抗裂性。

②合成高分子防水涂料和聚合物水泥防水涂料的固体含量、低温柔性、不透水性、拉伸强度、断裂伸长率。

③胎体增强材料的拉力、延伸率。

涂膜防水层的施工环境温度应符合下列规定:

①水乳型及反应型涂料宜为 5~35 ℃。

②溶剂型涂料宜为-5~35 ℃。

③热熔型涂料不宜低于-10 ℃。

④聚合物水泥涂料宜为 5~35 ℃。

2)主要机具

楼地面防水施工机具主要有:电动搅拌器、拌料桶、油漆桶、灰板、铁抹子、木抹子、阴阳角抹子、塑料刮板、铁皮小刮板、橡胶刮板、软毛刷、油漆刷(刷底胶用)、滚动刷(刷底胶用)、弹簧秤、八字靠尺、榔头、尖凿子、捻錾子、铁锹、油工铲刀、笤帚、消防器材、刮杠等。

2.1.5 厕浴间节点防水施工过程

1)施工计划

(1)排水管道防水施工计划

穿过楼面板、墙体的管道和套管的孔洞,应预留出 10 mm 左右的空隙,待管件安装定位后,在空隙内嵌填补偿收缩嵌缝砂浆,且必须插捣密实,防止出现空隙,收头应圆滑。如填塞的孔洞较大,应改用补偿收缩细石混凝土,楼面板孔洞应吊底模浇灌,防止漏浆,严禁用碎砖、水泥块填塞。所有管道、地漏或排水口等穿过楼面板、墙体的部位,必须位置正确、安装牢固。

（2）穿楼板管道防水施工计划

沿管根紧贴管壁缠一圈膨胀橡胶止水条，搭接头应黏结牢固，防止脱落。涂膜防水层与"L"形膨胀橡胶止水条应相连接，不宜有断点。防水层在管根处应上拐（高度不应超过水泥砂浆保护层）并包严管道，且应铺贴胎体增强材料，立面涂膜收头处用密封材料封严。

（3）卫生器具节点防水施工计划

厕浴间卫生器具剖面图如图 2.10 所示。涂膜防水层应刷至高出地面 100 mm 处的混凝土防水台处。如轻质隔墙板无防水功能，则浴缸一侧的涂膜防水层应比浴缸高 100 mm 以上。

（4）地漏口（水落口）防水施工计划

主管与地漏口的交接处应用密封材料封闭严密，然后用补偿收缩细石混凝土（或水泥砂浆）嵌填密实；水泥砂浆找平层做好后，在地漏口杯的外壁缠绕一圈膨胀橡胶止水条（用手工挤压成"L"形），涂膜防水层应与"L"形膨胀橡胶止水条相连接；涂膜防水层的保护层在地漏周围应抹成 5% 的顺水坡度。

2）施工现场准备

①施工场地经过交接检验已经满足防水施工的要求。

②单组分环保型聚氨酯已经按照设计要求采购，施工单位在材料进场时进行了现场抽样送检，材料性能满足施工说明的要求。

③专业防水施工人员按照施工组织设计要求已经就位。

3）材料与机具准备

①材料：单组分环保型聚氨酯防水涂料等。

②机具：电动搅拌器、拌料桶、油漆桶、灰板、铁抹子、木抹子、阴阳角抹子、塑料刮板、铁皮小刮板、橡胶刮板、软毛刷、油漆刷（刷底胶用）、滚动刷（刷底胶用）、弹簧秤、八字靠尺、榔头、尖凿子、捻錾子、铁锹、油工铲刀、笤帚、消防器材、刮杠等。

4）施工要点

①基面平整、干净，无起沙、松动。

②施工时应先进行基面验收，确保符合要求。先涂一层底胶，底胶必须均匀。

③底胶固化后，进行第二次涂刷，涂刷方向必须与前一次垂直交叉，防止漏刮，依次涂刷三到五遍。

④完工后，防水层未固化前，不得上人，不得进行下道工序，以免破坏防水层。

⑤胎体增强材料施工。

方法一：湿铺法。湿铺法就是边倒料、边涂刷、边铺贴的操作方法。施工时，先在已干燥的涂层上用刷子将涂料仔细刷匀，然后将胎体增强材料平放在施工的节点部位上，逐渐推滚铺贴于刚刷上涂料的节点上，用滚刷滚压一遍，务必使全部布眼浸满涂料，使上下层涂料能良好结合，确保其防水效果。铺贴好的胎体增强材料不得有皱褶、翘边、空鼓等现象，也不得有露白现象。

方法二:干铺法。干铺法就是在上道涂层干燥后,边干铺胎体增加材料,边在已展平的胎体表面涂刷或满刮一道涂料,也可将涂膜增强材料按要求在已干燥的涂层上展平后,先在边缘部位用涂料点粘固定,然后在上面涂刷或满刮一道涂料,使涂料浸入网眼渗透到已固化的涂膜上。铺布时切忌拉伸过紧,因为涂膜增强材料和防水涂膜干燥后都会有较大收缩。铺布也不能太松,过松时布面会出现皱褶,使网眼中的涂膜极易破损而失去防水能力。面层涂料至少涂刷两遍涂料时,应随时撒铺面层粒料。

2.1.6 安全、质检与环保

1)施工安全技术

聚氨酯防水涂料的注意事项如下:

①混合后的涂料应在 20 min 内用完。

②施工温度宜在 5 ℃以上,施工时要保持空气流通。

③尚未用完的涂料必须将桶盖密封,防止涂料吸潮固化。

④运输中严防日晒雨淋、碰撞。

⑤储存在干燥、通风的仓库内,储存期为 6 个月。

2)施工质量标准与检查评价

(1)主控项目

①所用涂膜防水材料的品种、牌号及配合比,应符合设计要求和国家现行有关标准的规定。对防水涂料技术性能的四项指标必须经试验室复验合格后,方可使用。

②涂膜防水层与预埋管件、表面坡度等细部做法,应符合设计要求和施工规范的规定,不得有渗漏现象(蓄水 24 h 观察无渗漏)。

③找平层含水率低于 9%,并经检查合格后,方可进行防水层施工。

(2)一般项目

①涂膜层涂刷均匀,厚度满足设计要求,不露底。保护层和防水层黏结牢固,紧密结合,不得有损伤。

②底胶和涂料附加层的涂刷方法、搭接收头,应符合施工规范要求,黏结牢固、紧密,接缝封严,无空鼓。

③表层如发现有不合格之处,应按规范要求重新涂刷搭接,并经有关人员认证。

④涂膜层不起泡、不流淌,平整无凹凸,颜色亮度一致,与管件、洁具、地脚螺丝、地漏、排水口等接缝严密,收头圆滑。

厕浴间防水涂膜施工完毕后,先由施工班组自行按照厕浴间防水施工质量验收规范进行质量检查和验收,然后各班组之间进行互检,并提交验收表格,最后由工程技术人员组织各班组进行验收。

3)环保要求及措施

①混合后的涂料应在 20 min 内用完。

②施工温度宜在 5 ℃以上,施工时要保持空气流通。

③尚未用完的涂料必须将桶盖密封,防止涂料挥发污染空气。

④工程垃圾宜密封包装,并放在指定垃圾堆放地。

⑤施工完毕后应及时清洗施工工具,以免干后难以清除。

⑥运送、放置施工机具和料桶时,应在已施工的涂膜层上放垫纸板保护。

子项 2.2 厕浴间楼地面防水层施工

2.2.1 导入案例

工程概况:某酒店的卫生间地面防水做法为 1.5 mm 厚双组分聚氨酯防水涂料涂膜防水,每个卫生间防水面积 6 m²,施工图见图 2.8。本工程主体工程施工完毕,施工现场满足厕浴间楼地面防水工程施工要求。工程图纸通过了会审,编制了厕浴间楼地面防水工程的施工方案。防水材料使用:双组分环保型聚氨酯涂料及辅助材料等。机具使用:防水施工用电动搅拌器、拌料桶、橡胶刮板、滚动刷(刷底胶用)、油工铲刀等机具准备就绪。现场条件:管道安装完毕,牢固;找平层排水坡度符合设计要求,强度、表面平整度符合规范规定,转角处抹成了圆弧形;施工负责人已向班组进行技术交底;现场专业技术人员、质检员、安全员、防水工等准备就绪。施工准备如下:

(1)材料准备

双组分聚氨酯防水涂料、普通硅酸盐水泥 42.5 级、中砂。

(2)主要机具

油漆桶、塑料刮板、铁皮小刮板、橡胶刮板、弹簧秤、油漆刷(刷底胶用)、小抹子、油工铲刀、笤帚、消防器材。

(3)作业条件

①地面垫层已做完,穿地面及楼面的所有立管、套管已做完,并已经过验收。管周围缝隙用细石混凝土填塞密实。

②地面找平层已做完,标高符合要求,表面抹平压光、坚实、平整,无空鼓、裂缝、起砂等缺陷。找平层充分干燥(用 1 m² 防水卷材放在基层表面,静置 3 h,覆盖部位无明显水印,即可进行防水施工)。

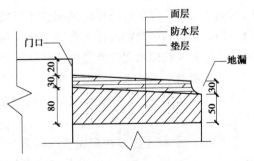

图 2.8 厕浴间楼地面防水构造施工图

③找平层的泛水坡度为 2%，不得局部积水，与墙交接处及转角均要抹成半径 $R=10$ mm 的圆角。凡是靠墙的管根处，均应抹出 5% 坡度，避免积水。地漏周围 50 mm 范围内找 5% 坡度。混凝土垫层充分干燥后，即可进行防水涂膜施工。

④在基层做防水涂料之前，在以下部位已用建筑密封膏封严：穿过楼板的立管四周、套管与立管交接处、大便器与立管接口处、地漏上口四周等。

（4）人员准备

根据施工组织设计的要求，专业防水施工人员已经到场就位。

2.2.2　本子项教学目标

1）知识目标

了解厕浴间防水材料品种和质量要求；掌握厕浴间防水施工工艺。

2）能力目标

能够确定厕浴间防水材料；能够编制厕浴间防水工程施工方案；能够进行厕浴间防水工程施工；能够进行厕浴间防水工程施工质量控制与验收；能够组织厕浴间防水安全施工；能够对进场材料进行质量检验。

3）品德素质目标

具有良好的政治素质和职业道德；具有良好的工作态度和责任心；具有良好的团队合作能力；具有组织、协调和沟通能力；具有较强的语言和书面表达能力；具有查找资料、获取信息的能力；具有开拓精神和创新意识。

2.2.3　厕浴间楼地面构造

厕浴间一般有较多穿过楼地面或墙体的管道，平面形状较复杂且面积较小，而房间又长期处于潮湿或受水状态，如果采用各种防水卷材施工，因防水卷材的剪口和接缝较多，很难黏结牢固、封闭严密，难以形成一个有弹性的整体防水层，比较容易发生渗漏水的质量事故。防水涂膜涂布于复杂的细部构造部位能形成没有接缝的、完整的涂膜防水层，特别是合成高分子防水涂膜和高聚物改性沥青防水涂膜的延伸性较好，更能适应基层变形的需要。防水砂浆则以补偿收缩水泥砂浆较为理想。

楼地面的一般防水构造层次是：

①结构基层：一般是整体现浇钢筋混凝土板、预制整块开间钢筋混凝土板或预制圆孔板。

②找平层：找平层是在粗糙基层表面起弥补、找平作用的构造层，一般用 1∶3 水泥砂浆，找平层厚度为 15~20 mm，以利于铺设防水层或较薄的面层材料。

③防水层：多采用防水涂料或聚合物水泥防水砂浆。为保证防水层整体性，楼地面防水层应翻边至墙面。

④找坡层：一般采用水泥焦渣垫层向地漏处找出排水坡度。

⑤楼地面及墙面面层：楼地面一般为马赛克或地面砖，墙面一般为瓷砖面层或耐水涂料，见图2.9。

如图2.10所示，厕浴间的墙体，宜设置高出楼地面150 mm以上的现浇混凝土泛水。厕浴间四周墙根防水层泛水高度不应小于250 mm，其他墙面防水可能溅到水的范围为基准向外延伸不应小于250 mm。浴室花洒喷淋的临墙面防水高度不低于2 m。

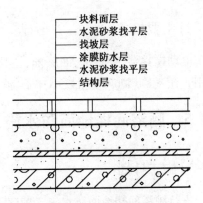

块料面层
水泥砂浆找平层
找坡层
涂膜防水层
水泥砂浆找平层
结构层

图2.9 楼地面涂料防水构造

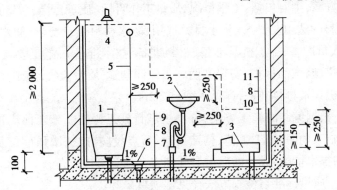

图2.10 厕浴间墙面防水高度示意

1—浴缸；2—洗手池；3—蹲便器；4—喷淋头；5—浴帘；6—地漏；7—现浇混凝土楼板；
8—防水层；9—地面饰面层；10—混凝土泛水；11—墙面饰面层

2.2.4 使用材料与机具知识

1)主要材料

①主要材料：双组分聚氨酯防水涂料。

②主要辅助材料：

磷酸或苯磺酰氯：凝固过快时，作缓凝剂用；

二月桂酸二丁基锡：凝固过慢时，作促凝剂用；

二甲苯：清洗施工工具用；

乙酸乙酯：清洗手上凝胶用；

107胶：修补基层用；

聚酯无纺布：胎体增强材料；

石渣：$\phi 2$ mm左右，黏结过渡层用；

水泥：42.5级以上硅酸盐水泥、普通硅酸盐水泥或矿渣硅酸盐水泥，修补基层用。

2)主要机具

电动搅拌器、拌料桶、油漆桶、塑料刮板。铁皮小刮板、橡胶刮板、弹簧秤、油漆刷(刷底胶用)、滚动刷(刷底胶)、小抹子、油工铲刀、笤帚、消防器材。

2.2.5 厕浴间楼地面防水施工过程

1)施工计划

进行厕浴间楼地面防水施工前,先要编制施工组织设计文件。

①制订施工方案,主要包括:工程概况,质量工作目标(质量目标、质量预控标准、工序质量检查),防水材料的选用及要求(防水材料选用、防水材料质量要求、防水材料的保管和运输),施工准备(人员准备、施工机具准备、材料准备、技术准备),施工要点(工艺流程、施工工艺),季节施工措施,成品保护,安全文明施工保证措施,质量验收,施工注意事项。

②进行施工机具及材料准备,详见本项目2.2.4。

③分组实施:根据编制的施工方案,分小组进行施工操作。施工前应进行技术交底,包括:施工的部位、施工顺序、施工工艺、构造层次、节点设防方法、增强部位及做法、工程质量标准、保证质量的技术措施、成品的保护措施和安全注意事项。

④质量验收。质量标准与检查方法详见本项目2.2.6。

2)施工现场准备

①穿过厕浴间楼板的所有立管、套管均已做完并经验收,管周围缝隙用1:2:4豆石混凝土填塞密实(楼板底需支模板)。

②厕浴间地面垫层已做完,向地漏处找2%坡。厚度小于30 mm时用混合灰,厚度大于30 mm时用1:6水泥焦渣垫层。

③厕浴间地面找平层已做完,表面应抹平压光、坚实平整、不起砂,含水率低于90%(简易检测方法:在基层表面上铺一块1 m×2 m橡胶板,静置3~4 h,如覆盖橡胶板部位无明显水印,即视为含水率达到要求)。

④基层表面平整,没有松动、空鼓、起砂、开裂等缺陷,含水率符合防水材料的施工要求。

⑤地漏、套管、卫生洁具根部、阴阳角等部位,已做防水附加层。

⑥防水层应从地面延伸到墙面,高出地面100 mm;浴室墙面的防水层不低于1 800 mm。

3)材料与机具准备

①主要材料:聚氨酯防水涂料,甲组分和乙组分。辅助材料为磷酸或苯磺酰氯、二月桂酸二丁基锡、二甲苯、聚酯无纺布等。

②机具:电动搅拌器、拌料桶、油漆桶、塑料刮板、铁皮小刮板、橡胶刮板、弹簧秤、油漆刷(刷底胶用)、滚动刷(刷底胶用)、小抹子、油工铲刀、笤帚、消防器材。

4)聚氨酯防水涂膜防水施工

（1）工艺流程

聚氨酯防水涂膜施工的工艺流程为：基层处理→涂刷基层处理剂→涂刷附加层防水涂料→涂刮第一遍涂料→涂刮第二遍涂料→涂刮第三遍涂料→第一次蓄水试验→稀撒砂粒→质量验收→保护层施工→第二次蓄水试验。

（2）施工要点

①基层处理。首先应将基层上的浮灰、油污、灰渣等清理干净。基层要做到不得有凸出的尖角、凹坑和起砂现象，不得有疏松、砂眼或空洞存在。在厕浴间周围墙角处应使用 1:2.5 水泥砂浆将其抹成 $R=50$ mm 的均匀光滑的小圆角，并保证基层不得有积水，方可进行下一道施工工序。实际施工中，在进行防水处理之前一定要先找平地面，如果地面不平，可能会因防水涂料薄厚不均而导致开裂渗漏。在涂刷涂料的时候，墙面的涂料难免会堆积到墙角，若堆积的涂料多了，一是影响干燥速度，二是有可能产生裂纹。墙体和地面不是一个整体，墙体是在地面结构层做好之后，在平面上建立立面，所以在两者的交接部位难免会有缝隙。因此，管根、立面与平面等部位应抹成圆角。

②涂刷基层处理剂。将聚氨酯甲、乙两个组分与二甲苯按 1:1.5:2 的比例配合搅拌均匀即可使用。先在阴阳角、管道根部用滚动刷或油漆刷均匀涂刷一遍，然后大面积涂刷，材料用量为 $0.15\sim0.2$ kg/m²。涂刷后干燥 4 h 以上，才能进行下一工序施工。

③涂刷附加增强层防水涂料。在地漏、管道根、阴阳角和出入口等容易漏水的薄弱部位，应先用聚氨酯防水涂料按甲:乙=1:1.5 的比例配合，均匀涂刮一次做附加增强层处理。按设计要求，细部构造也可做带胎体增强材料的附加增强层处理。胎体增强材料宽度为 $300\sim500$ mm，搭接缝为 100 mm，施工时，边铺贴平整，边涂刮聚氨酯防水涂料。

④涂刮第一遍涂料。将聚氨酯防水涂料按甲:乙=1:1.5 的比例混合，开动电动搅拌器，搅拌 $3\sim5$ min，用橡胶刮板均匀涂刮一遍。操作时要厚薄一致，用料量为 $0.8\sim1.0$ kg/m²，立面涂刮高度不应小于 100 mm。

⑤涂刮第二遍涂料。待第一遍涂料固化干燥后，要按上述方法涂刮第二遍涂料。涂刮方向应与第一遍相互垂直，用料量与第一遍相同。

⑥涂刮第三遍涂料。待第二遍涂料涂膜固化后，再按上述方法涂刮第三遍涂料，用料量为 $0.4\sim0.5$ kg/m²。三遍聚氨酯涂料涂刮后，用料量总计为 2.5 kg/m²，防水层厚度不小于 1.5 mm。

⑦第一次蓄水试验。待涂膜防水层完全固化干燥后，即可进行蓄水试验。蓄水试验 24 h 后，观察无渗漏为合格。

⑧饰面层施工。涂膜防水层蓄水试验不渗漏，质量检查合格后即可粉刷水泥砂浆，或粘贴陶瓷锦砖、防滑地砖等饰面层。施工时应注意成品保护，不得破坏防水层。

⑨第二次蓄水试验。厕浴间装饰工程全部完成后，工程竣工前还要进行第二次蓄水试验，以检验防水层完工后是否被水电或其他装饰工程损坏。蓄水试验合格后，厕浴间的防水施工才算圆满完成。

5)氯丁橡胶沥青防水涂料地面施工

对于氯丁橡胶沥青防水涂料,根据工程需要,防水层可组成一布四涂、二布六涂或只涂三遍防水涂料的三种做法,其用量参考见表2.4。

表 2.4　氯丁橡胶沥青涂膜防水层用料参考

材　料	三遍涂料	一布四涂	二布六涂
氯丁橡胶沥青防水涂料（kg/m²）	1.2~1.5	1.5~2.2	2.2~2.8
玻璃纤维布(m²/m²)	—	1.13	2.25

(1)工艺流程

以一布四涂为例,氯丁橡胶沥青防水涂料施工工艺流程为:清理基层→满刮一遍氯丁橡胶沥青水泥腻子→涂刷第一遍涂料→做细部构造附加增强层→铺贴玻璃纤维布,同时涂刷第二遍涂料→涂刷第三遍涂料→涂刷第四遍涂料→蓄水试验→饰面层施工→质量验收→第二次蓄水试验。

(2)施工要点

①清理基层。将基层上的浮灰、杂物清理干净。

②刮氯丁橡胶沥青水泥腻子。在清理干净的基层上满刮一遍氯丁橡胶沥青水泥腻子,管道根部和转角处要厚刮,并抹平整。腻子的配制方法,是将氯丁橡胶沥青防水涂料倒入水泥中,边倒边搅拌至稠浆状,即可刮涂于基层表面,腻子厚度为2~3 mm。

③涂刷第一遍涂料。待上述腻子干燥后,再在基层上满刷一遍氯丁橡胶沥青防水涂料(在大桶中搅拌均匀后再倒入小桶中使用)。操作时涂刷不得过厚,但也不能漏刷,以表面均匀、不流淌、不堆积为宜。立面需刷至设计高度。

④做附加增强层。在阴阳角、管道根、地漏、大便器等细部构造处分别做一布二涂附加增强层,即将玻璃纤维布(或无纺布)剪成相应部位的形状铺贴于上述部位,同时刷氯丁橡胶沥青防水涂料,要贴实、刷平,不得有皱褶、翘边现象。

⑤铺贴玻璃纤维布,同时涂刷第二遍涂料。待附加增强层干燥后,先将玻璃纤维布剪成相应尺寸铺贴于第一道涂膜上,然后在上面涂刷防水涂料,使涂料浸透布纹网眼并牢固地粘贴于第一道涂膜上。玻璃纤维布搭接宽度不宜小于100 mm,并顺流水接槎,从里面往门口铺贴,先做平面后做立面。立面应贴至设计高度,平面与立面的搭接缝留在平面上,距立面边宜大于200 mm,收口处要压实贴牢。

⑥涂刷第三遍涂料。待上遍涂料实干后(一般宜24 h以上),再满刷第三遍防水涂料,涂刷要均匀。

⑦涂刷第四遍涂料。上遍涂料干燥后,可满刷第四遍防水涂料,一布四涂防水层施工即告完成。

⑧蓄水试验。防水层实干后,可进行第一次蓄水试验,蓄水24 h无渗漏水为合格。

⑨饰面层施工。蓄水试验合格后,可按设计要求及时粉刷水泥砂浆或铺贴面砖等饰面层。

⑩第二次蓄水试验的方法与目的同聚氨酯防水涂料。

6) JS 防水涂料防水施工

JS 复合防水涂料,是以高分子共聚物为主要成膜物,以水性及惰性粉剂为填料,经现场组合而成的防水涂料。它是一种既具有有机材料弹性高,又具有无机材料耐久性好等优点的新型材料,俗称 JS 复合材料,涂覆后可形成高强坚韧的防水涂膜。

(1)工艺流程

JS 防水涂料防水施工工艺流程为:基层清理→涂刷基层处理剂→细部附加层施工→涂刷第一层防水层→涂刷第二层防水层→涂刷第三层防水层→防水层蓄水试验→施工保护层。

(2)施工要求

①基层清理。防水层施工前,基层必须用 1:3 水泥砂浆抹找平层,要求抹平压光无空鼓,表面坚实,不应有起砂、掉灰现象。抹找平层时,管道根部周围 200 mm 范围内在原标高基础上提高 10 mm 向地漏处找坡,避免管道根部积水,在地漏的周围做成 5 mm 左右向地漏方向的找坡。施工时要把基层表面杂物等清扫干净,同时要保证基层干燥,否则防水层施工后会出现气泡、裂缝等质量通病。

②细部附加层施工。厕浴间防水层大面积施工前,应对地面的地漏、管根、出水口等根部,以及阴阳角等部位,先做一布二油防水附加层。其两侧搭接宽度不得小于 200 mm,均匀涂刷,刷第一遍 4 h 后刷第二遍,12 h 后即可进行大面积施工。地面与墙面交接处,涂膜防水墙面上翻高度应以图纸设计为准,上翻高度通常不小于 250 mm。

③涂刷第一层防水层。用滚刷或油刷将配制好的 JS 复合涂料均匀地涂刷在涂刷过基层处理剂的表面部位,涂刷量为 0.9 kg/m²。涂刷时不得漏涂,涂刷厚度应均匀一致,一般控制在 0.5 mm。

④涂刷第二、三层防水层。第二、三层 JS 复合防水涂料的涂刷应在第一层涂膜固化后(一般控制在 12 h),再依次涂刷第二、三层涂膜。对于平面部位后一层,应与前一层的涂刷方向相互垂直,涂刷量与前一层相同。三层涂刷完成后,涂刷总厚度不应小于 1.5 mm。

⑤蓄水试验。防水层质量验收合格后,对管道、地漏进行封堵,然后进行防水的蓄水试验。24 h 后观察管道根部、地漏部位有无渗漏情况。如果有渗漏情况,应及时处理维修。

7) 聚乙烯丙纶复合防水卷材防水施工

聚乙烯丙纶复合防水卷材是以原生聚乙烯合成高分子材料加入抗老化剂、稳定剂、助黏剂等与高强度新型丙纶涤纶长丝无纺布,经过自动化生产线一次复合而成的新型防水卷材。该产品是在充分研究现有防水、防渗类产品的基础上,根据现代防水工程及对防水、防渗材料的新要求研制而成的。它是选用多层高分子合成片状材料,采用新技术、新工艺复合加工制造的一种新型防水材料。

(1)聚乙烯丙纶复合防水卷材施工工艺流程

聚乙烯丙纶复合防水卷材施工工艺流程为:管根封堵→基层处理、基层验收→配制胶黏剂→细部处理、铺贴附加层→施工防水层→缝边处理→防水层 24 h 蓄水试验→防水验收交付。

（2）施工要点

①管根封堵。厕浴间管道安装完成后,应用细石混凝土进行封堵。管道安装时,应采用定型胶管扣套在要安装的管道上,管道垂直度校正后,用胶将橡胶管扣固定在底板上,然后将管道口周围 200 mm 范围内清理干净,向管口内塞填细石混凝土进行封堵,并振压密实,做到表面光滑。

②基层清理。基层用水泥砂浆抹平、压实,应平整、不起砂。基层过于干燥时应适当喷水潮湿。基层泛水坡度宜为 2%,不应有积水。卫生间基层遇转角处等部位,用水泥砂浆抹成直角。与基层相连接的管件、卫生洁具、地漏等应在防水层施工前安装完毕,接口处用密封材料填封密实。

③细部处理、铺贴附加层。基层清理验收合格后,阴阳角防水施工增设附加层(用聚乙烯丙纶卷材剪开后粘贴),附加层在立面和平面上的尺寸不应小于 100 mm。管道附加层应以 $D+200$ mm 为边长,裁卷材为正方形。在正方形卷材中心以 $D-5$ mm 为直径画圆,用剪刀沿圆周边剪下。在已经裁好的正方形卷材和管根部位,分别涂刷黏结料,将卷材套粘在管道根部,卷材紧贴在管壁上,粘贴必须严密压实、不空鼓。实际施工中,管道部位卷材铺贴若不注重裁剪,随意用下脚料进行铺贴,会造成管根部位接缝较多,后期容易发生漏水。卫生间防水施工前,应做好技术交底,特别是附加层卷材的裁剪应进行优化,减少拼缝的出现。严禁用施工下脚料进行随意铺贴。

④防水层施工。按粘贴面积将预先裁剪好的卷材铺贴在墙面、地面,铺贴时不应用力拉伸卷材,不得出现皱褶,用刮板推压并排除卷材下面的气泡和多余的防水粘贴料浆。

⑤蓄水试验。施工完毕后,进行 24 h 的蓄水试验,达到不渗漏为合格。

2.2.6 安全、质检与环保

1) 施工安全技术

聚氨酯防水涂料的施工注意事项如下:
①混合后的涂料应在 20 min 内用完。
②施工温度宜在 5 ℃ 以上,施工时要保持空气流通。
③尚未用完的涂料必须将桶盖密封,防止涂料吸潮固化。
④运输中严防日晒雨淋、碰撞。
⑤储存在干燥、通风的仓库内,储存期为 6 个月。
⑥管根部位要加以保护,施工中不得碰损、位移。
⑦严禁在施工完成的防水层上打眼凿洞。
⑧涂膜应完全干燥 2 d 后方可进行保护层的施工。

2) 施工质量标准与检查评价

（1）主控项目

①所用涂膜防水材料的品种、牌号及配合比,应符合设计要求和国家现行有关标准的规定。防水涂料技术性能的四项指标必须经试验室复验合格后,方可使用。

②涂膜防水层与预埋管件、表面坡度等细部做法,应符合设计要求和施工规范的规定,不得有渗漏现象(蓄水 24 h 观察无渗漏)。

③找平层含水率低于 9%,并经检查合格后,方可进行防水层施工。

(2)一般项目

①涂膜层涂刷均匀,厚度满足设计要求,不露底。保护层和防水层黏结牢固,紧密结合,不得有损伤。

②底胶和涂料附加层的涂刷方法、搭接收头,应符合施工规范要求,黏结牢固、紧密,接缝封严,无空鼓。

③表层如发现有不合格之处,应按规范要求重新涂刷搭接,并经有关人员认证。

④涂膜层不起泡、不流淌,平整无凹凸,颜色亮度一致,与管件、洁具、地脚螺栓、地漏、排水口等接缝严密,收头圆滑。

厕浴间楼地面涂膜防水工程施工完毕后,施工班组自行按照厕浴间楼地面涂膜防水施工质量验收规范进行质量检查和验收,然后各班组之间进行互检,并提交验收表格,最后由工程技术人员组织各班组进行验收。

3) 环保要求及措施

①混合后的涂料应在 20 min 内用完。

②施工温度宜在 5 ℃以上,施工时要保持空气流通。

③尚未用完的涂料必须将桶盖密封,防止涂料挥发污染空气。

④工程垃圾宜密封包装,并放在指定垃圾堆放地。

⑤施工完毕后应及时清洗施工工具,以免干后难以清除。

⑥运送、放置施工机具和料桶时,应在已施工的涂膜层上放垫纸板保护。

实训课题　厕浴间节点涂膜防水施工

1) 材料

聚合物水泥基防水涂料。

2) 工具

锤子、凿子、铲子、扫帚;搅拌桶、手提搅拌器、取水计量杯;橡胶刮板、油漆刷、长柄滚筒、软毛刷等;钢卷尺、壁纸刀、墨线等。

3) 实训内容

分小组完成图 2.11 所示的厕浴间节点防水涂膜施工,包括:

①管道根部涂膜防水胎体增强材料施工;

②地漏处涂膜防水胎体增强材料施工;

③墙体与地面交接部位阴阳角处涂膜防水胎体增强材料施工。

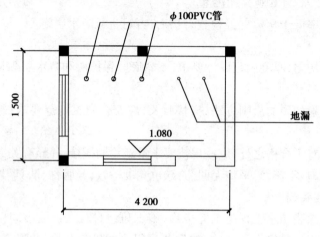

图 2.11 厕浴间平面图

4)考核与评价

厕浴间涂膜防水施工实训项目成绩评定采用自评、互评和教师评价三结合的方法对地下防水工程作品进行质检、评价、确定成绩,学生成绩评定项目、分数、评定标准见表 2.5,将学生的得分填入成绩评定表中。

表 2.5 厕浴间涂膜防水施工成绩评定表

序号	项　目	满分	评定标准	得分
1	基层处理	5	表面干净、干燥	
2	涂刷基层处理剂	5	均匀不露底,一次涂好,不能过薄或过厚	
3	管道根部涂膜防水胎体增强材料施工	25	涂刷均匀,厚度满足设计要求,搭接收头符合规范要求,黏结牢固、紧密,接缝封严,胎体无皱褶	
4	地漏处涂膜防水胎体增强材料施工	25	涂刷均匀,厚度满足设计要求,搭接收头符合规范要求,黏结牢固、紧密,接缝封严,胎体无皱褶	
5	阴阳角处涂膜防水胎体增强材料施工	15	涂刷均匀,厚度满足设计要求,搭接收头符合规范要求,黏结牢固、紧密,接缝封严,胎体无皱褶	
6	安全文明施工	10	按本项目相关内容执行	
7	团队协作能力	7	小组成员配合操作	
8	劳动纪律	8	不迟到、不旷课、不做与实训无关的事情	

项目小结

　　本项目包括厕浴间节点防水施工、厕浴间楼地面防水施工 2 个子项目,具体介绍了厕浴间节点构造、厕浴间楼地面构造、使用材料与施工机具等基本知识,重点讲解了厕浴间节点、厕浴间楼地面防水层的施工过程(包含施工计划、施工准备、施工工艺、安全管理、质量检查验收及环保要求)。通过本项目的学习,使学生具有编制厕浴间防水工程施工方案的能力,具有组织厕浴间防水工程施工的能力,能够按照国家现行规范对厕浴间防水工程进行施工质量控制与验收,能够组织安全施工。通过分小组完成实训任务,可以培养学生的责任心、团队协作能力、开拓精神和创新意识等,增强其政治素质,提升其职业道德。

项目 3
地下防水工程施工

项目导读

- **基本要求**　通过本项目的学习,熟悉地下防水工程的细部构造、防水材料的选用;能够对进场的防水材料进行检验;能够编制地下防水工程防水施工方案,组织地下防水工程施工,进行地下防水工程的施工质量控制和验收,并能够组织安全施工。
- **重点**　地下防水工程的施工质量控制;地下防水工程的质量验收。
- **难点**　地下防水工程的施工质量控制。

随着我国城市高层建筑的增多,一般的高层建筑常设置地下室作为人防工程和地下停车场。地下工程修建在含水地层中,会受到地下水的有害作用,还会受到地面水的影响,如果没有可靠的防水措施,地下水就会渗入而影响结构的使用寿命。因此,为了保证地下工程的正常使用,减少维护费用,解决好地下工程的防渗漏工作是关键。

地下工程防水的设计和施工应根据工程的水文地质情况、地质条件、区域地形、环境条件、埋置深度、地下水位高低、工程结构特点及修建方法、防水标准、工程用途和使用要求、材料来源等技术经济指标,综合考虑确定防水方案。防水方案应遵循"防、排、截、堵相结合,刚柔相济,因地制宜,综合治理"的基本原则。

"防"是指通过工程结构本身或采用附加防水层等防水措施,使工程具有一定防止地下水渗入的能力,宜优先采用混凝土自防水结构。"排"是指工程有自流排水条件或可采用机械排水时,将地下水排走,为防水创造有利环境。"截"是指在工程所在地的地表设置排水沟、截洪沟、导排水系统,将地表水、雨水尽快排走,防止和减少雨水下渗,减少裂隙水进入工程。"堵"是指在围岩有裂隙水时,采用注浆或嵌填等方法堵住渗漏水,为施工创造有利条件,在工程建成后对渗漏水地段采用注浆、嵌填、防水抹面等方法,堵塞渗水通道。"防、排、截、堵相结合"是指将几种防水方法结合使用;"刚柔相济"是从材料的性能角度出发,要求在地下工程中采用刚性防水材料与柔性防水材料相结合的防水措施。

国家标准《地下工程防水技术规范》(GB 50108—2008)将地下工程防水标准分为四级:

一级:不允许渗水,结构表面无湿渍,人员长期停留的场所;有少量湿渍会使物品变质、失效的储物场所及严重影响设备正常运转和危及工程安全运营的部位;极重要的战备工程。

二级:不允许漏水,结构表面可有少量湿渍(对于工业与民用建筑,湿渍总面积不大于总防水面积的1‰,单个湿渍面积不大于 0.1 m²,任意 100 m² 防水面积不超过 1 处;对于其他地下工程:湿渍总面积不大于总防水面积的6‰,单个湿渍面积不大于 0.2 m²,任意 100 m² 防水面积不超过 4 处),人员经常活动的场所;在有少量湿渍的情况下不会使物品变质、失效的储物场所及基本不影响设备正常运转和工程安全运营的部位;重要的战备工程。

三级:有少量漏水点,不得有线流和漏泥沙;单个湿渍面积不大于 0.3 m²,单个漏水点的漏水量不大于 2.51 L/d,任意 100 m² 防水面积不超过 7 处,人员临时活动的场所;一般战备工程。

四级:有漏水点,不得有线流和漏泥沙;整个工程平均漏水量不大于 2 L/(m²·d),任意 100 m² 防水面积的平均漏水量不大于 4 L/(m²·d);对渗漏水无严格要求的工程。

地下工程不同防水等级的适用范围,应根据工程的重要性和使用中对防水的要求按表3.1选定。

表 3.1　不同防水等级的适用范围

防水等级	适用范围
一级	人们长期停留的场所;因有少量湿渍会使物品变质、失效的储物场所及严重影响设备正常运转和危机工程安全运营的部位;极重要的设备工程、地铁车站
二级	人们经常活动的场所;在有少量湿渍的情况下不会使物品变质、失效的储物场所及基本不影响设备正常运转和工程安全运营的部位;重要的战备工程
三级	人员临时活动的场所;一般战备工程
四级	对渗漏水无严格要求的工程

地下工程迎水面主体结构应采用防水混凝土,并应根据防水等级的要求采取其他防水措施。

明挖法地下工程的防水设防要求应按表3.2选用。

表 3.2 明挖法地下工程防水设防

工程部位		主体							施工缝							后浇带					变形缝(诱导缝)					
防水措施		防水混凝土	外贴式止水带	防水卷材	防水涂料	塑料防水板	防水砂浆	金属防水板	遇水膨胀止水条(胶)	外贴式止水带	中埋式止水带	外抹防水砂浆	外涂防水涂料	水泥基渗透结晶型防水材料	预埋注浆管	补偿收缩混凝土	外贴式止水带	预埋注浆管	遇水膨胀止水条	防水密封材料	中埋式止水带	外贴式止水带	可卸式止水带	防水密封材料	外贴防水卷材	外涂防水涂料
防水等级	一级	应选	应选一至二种						应选二种							应选	应选二种				应选	应选二种				
	二级	应选	应选一种						应选一至二种							应选	应选一至二种				应选	应选一至二种				
	三级	应选	宜选一种						宜选一至二种							应选	宜选一至二种				应选	宜选一至二种				

暗挖法地下工程的防水设防要求应按表 3.3 选用。

表 3.3 暗挖法地下工程的防水设防要求

工程部位		衬砌结构						内衬砌施工缝						内衬砌变形缝(诱导缝)				
防水措施		防水混凝土	塑料防水板	防水砂浆	防水涂料	防水卷材	金属防水层	外贴式止水带	预埋注浆管	遇水膨胀止水条	防水密封材料	中埋式止水带	水泥基渗透结晶型防水涂料	中埋式止水带	外贴式止水带	可卸式止水带	防水密封材料	遇水膨胀止水带
防水等级	一级	必选	应选一至两种					应选一至两种						必选	应选一至两种			
	二级	应选	应选一种					应选一种						应选	应选一种			
	三级	宜选	宜选一种					宜选一种						宜选	宜选一种			
	四级	宜选	宜选一种					宜选一种						宜选	宜选一种			

子项 3.1 地下工程防水混凝土施工

3.1.1 导入案例

工程概况:某小区 5 号楼为框架十二层带地下人防一层,该楼为酒店建筑,防水面积为 1 000 m²。本工程地下室防水为混凝土自防水结构,外围护钢筋混凝土墙抗渗等级为 S8,地下工程防水等级为一级;地下室侧墙、地下室防水混凝土下部做法按地下室防水标准图施工。防水混凝土底板上部做法:①20 mm 厚 1∶2 防水砂浆面层,压实抹光;②200 mm 厚细石混凝土垫层并按施工图所示坡度找坡;③围护结构;④C15 豆石混凝土;⑤合成高分子(PVC)防水卷材;⑥1∶2.5 水泥砂浆找平层;⑦C10 混凝土垫层。

本工程施工图是给定的建筑物地下结构施工图及防水做法,施工现场是地下基坑开挖完毕后并进行了支护,基坑验收已结束。

3.1.2 本子项教学目标

1)知识目标

了解防水混凝土材料的品种和质量要求;熟悉地下工程防水细部构造;掌握地下刚性防水工程施工工艺。

2)能力目标

能够确定防水混凝土施工材料;能够编制地下刚性防水工程施工方案;能够进行地下刚性防水工程施工;能够进行地下刚性防水工程施工质量检查与验收;能够组织地下刚性防水工程安全施工;能够对进场材料进行质量检验。

3)品德素质目标

具有良好的政治素质和职业道德;具有良好的工作态度和责任心;具有良好的团队合作能力;具有组织、协调和沟通能力;具有较强的语言和书面表达能力;具有查找资料、获取信息的能力;具有开拓精神和创新意识。

3.1.3 地下工程防水细部构造

1)施工缝

(1)施工缝防水构造

施工缝的防水构造宜按图 3.1 至图 3.4 选用,当采用两种以上构造措施时可进行有效的组合。

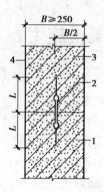

图 3.1 施工缝防水构造(一)
钢板止水带 $L \geqslant 150$;橡胶止水带 $L \geqslant 200$;
钢边橡胶止水带 $L \geqslant 120$;
1—先浇混凝土;2—中埋止水带;
3—后浇混凝土;4—结构迎水面

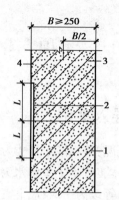

图 3.2 施工缝防水构造(二)
外贴止水带 $L \geqslant 150$;外涂防水涂料 $L = 200$;
外抹防水砂浆 $L = 200$;
1—先浇混凝土;2—外贴止水带;
3—后浇混凝土;4—结构迎水面

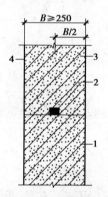

图 3.3 施工缝防水构造(三)
1—先浇混凝土;2—遇水膨胀止水条(胶);
3—后浇混凝土;4—结构迎水面

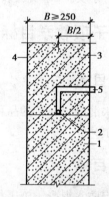

图 3.4 施工缝防水构造(四)
1—先浇混凝土;2—预埋注浆管;
3—后浇混凝土;4—结构迎水面;5—注浆导管

（2）施工缝的施工规定

①水平施工缝浇筑混凝土前,应将其表面浮浆和杂物清除,然后铺净浆或涂刷混凝土界面处理剂、水泥基渗透结晶型防水涂料等材料,再铺 30~50 mm 厚的 1:1 水泥砂浆,并应及时浇筑混凝土。

②垂直施工缝浇筑混凝土前,应将其表面清理干净,再涂刷混凝土界面处理剂或水泥基渗透结晶型防水涂料,并应及时浇筑混凝土。

③遇水膨胀止水条(胶)应与接缝表面密贴。

④选用的遇水膨胀止水条(胶)应具有缓胀性能,其 7 d 的净膨胀率不宜大于最终膨胀率的 60%,最终膨胀率宜大于 220%。

⑤采用中埋式止水带或预埋式注浆管时,应定位准确、固定牢靠。

（3）固定模板用螺栓的防水构造

当固定模板用螺栓必须穿过混凝土结构时,可采用工具式螺栓或螺栓加堵头,螺栓上应加焊方形止水环。拆模后应将留下的凹槽用密封材料封堵密实,并应用聚合物水泥砂浆抹平,见图3.5。

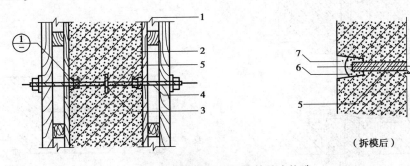

图3.5 固定模板用螺栓的防水构造

1—模板;2—结构混凝土;3—止水环;4—工具式螺栓;

5—固定模板用螺栓;6—密封材料;7—聚合物水泥砂浆

2)变形缝

变形缝的几种复合防水构造形式,见图3.6至图3.8。变形缝处混凝土结构的厚度不应小于300 mm。用于沉降的变形缝最大允许沉降差值不应大于30 mm。变形缝的宽度宜为20~30 mm。环境温度高于50 ℃处的变形缝,中埋式止水带可采用金属制作,见图3.9。

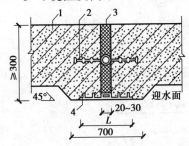

图3.6 中埋式止水带与外贴防水层复合使用

外贴式止水带 $L \geqslant 300$(外贴防水卷材

$L \geqslant 400$;外涂防水涂层 $L \geqslant 400$)

1—混凝土结构;2—中埋式止水带;

3—填缝材料;4—外贴止水带

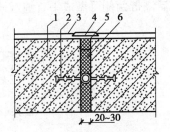

图3.7 中埋式止水带与嵌缝材料复合使用

1—混凝土结构;2—中埋式止水带;3—防水层;

4—隔离层;5—密封材料;6—填缝材料

中埋式止水带施工要求:止水带埋设位置应准确,其中间空心圆环应与变形缝的中心线重合;止水带应固定,顶、底板内止水带应成盆状安设;中埋式止水带先施工一侧混凝土时,其端模应支撑牢固,并应严防漏浆;止水带的接缝宜为一处,应设在边墙较高位置上,不得设在结构转角处,接头宜采用热压焊接;中埋式止水带在转弯处应做成圆弧形,(钢边)橡胶止水带的转角半径不应小于200 mm,转角半径应随止水带的宽度增大而相应加大。

安设于结构内侧的可卸式止水带施工要求:所需配件应一次配齐;转角处应做成45°折角,并应增加紧固件的数量。

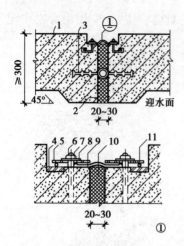

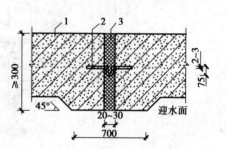

图 3.8　中埋式止水带与可拆卸式止水带复合使用

1—混凝土结构;2—填缝材料;3—中埋式止水带;

4—预埋钢板;5—紧固件压板;6—预埋螺栓;

7—螺母;8—垫圈;9—紧固件压块;

10—Ω 形止水带;11—紧固件圆钢

图 3.9　中埋式金属止水带

1—混凝土结构;2—金属止水带;

3—填缝材料

3)后浇带

后浇带两侧可做成平直缝或阶梯缝,其防水构造形式见图 3.10 至图 3.12。

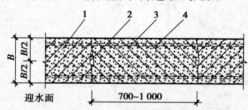

图 3.10　后浇带防水构造(一)

1—先浇混凝土;2—遇水膨胀止水条(胶);3—结构主筋;4—后浇补偿收缩混凝土

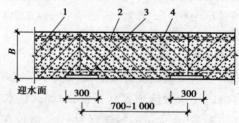

图 3.11　后浇带防水构造(二)

1—先浇混凝土;2—结构主筋;3—外贴式止水带;4—后浇补偿收缩混凝土

后浇带混凝土施工前,后浇带部位和外贴式止水带应防止落入杂物和损伤外贴带。后浇带混凝土应一次浇筑,不得留设施工缝;混凝土浇筑后应及时养护,养护时间不得少于28 d。

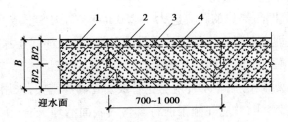

图 3.12 后浇带防水构造(三)

1—先浇混凝土;2—遇水膨胀止水条(胶);3—结构主筋;4—后浇补偿收缩混凝土

4) 穿墙管

穿墙管应在浇筑混凝土前预埋,其防水构造形式见图 3.13 和图 3.14。

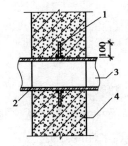

图 3.13 固定式穿墙管防水构造(一)

1—止水环;2—密封材料;

3—主管;4—混凝土结构

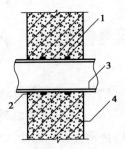

图 3.14 固定式穿墙管防水构造(二)

1—遇水膨胀止水圈;2—密封材料;

3—主管;4—混凝土结构

结构变形或管道伸缩量较大或有更换要求时,应采用套管式防水法,套管应加焊止水环,见图 3.15。

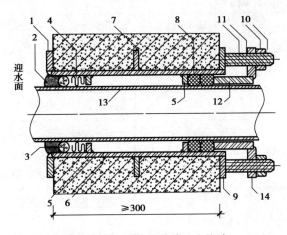

图 3.15 套管式穿墙管防水构造

1—翼环;2—密封材料;3—背衬材料;4—填充材料;5—挡圈;6—套管;7—止水环;

8—橡胶圈;9—翼盘;10—螺母;11—双头螺栓;12—短管;13—主管;14—法兰盘

穿墙管与内墙角、凹凸部位的距离应大于 250 mm。结构变形或管道伸缩量较小时,穿墙管可采用主管直接埋入混凝土内的固定式防水法,主管应加焊止水环或环绕遇水膨胀止水圈,并应在迎水面预留凹槽,槽内应采用密封材料嵌填密实。

穿墙管防水施工要求:金属止水环应与主管或套管满焊密实,采用套管式穿墙防水构造时,翼环与套管应满焊密实,并应在施工前将套管内表面清理干净;相邻穿墙管间的间距应大于 300 mm;采用遇水膨胀止水圈的穿墙管,管径宜小于 50 mm,止水圈应采用胶黏剂满粘固定于管上,并应涂缓胀剂或采用缓胀型遇水膨胀止水圈;穿墙管伸出外墙的部位,应采取防止回填时将管体损坏的措施。

3.1.4 使用材料与机具知识

1) 主要材料

(1) 防水材料
防水混凝土一般包括普通防水混凝土、外加剂防水混凝土和膨胀剂防水混凝土 3 种。

防水混凝土是以调整混凝土的配合比、掺外加剂或使用新品种水泥等方法来提高自身的密实性、憎水性和抗渗性,以满足抗渗压力大于0.6 MPa的不透水性混凝土。

防水混凝土兼有结构层和防水层的双重功效。其防水机理是依靠结构构件混凝土自身的密实性,再加上一些构造措施(如设置坡度、变形缝、嵌缝膏、止水环等),达到结构自防水的目的。防水混凝土的分类及适用范围见表 3.4。

表 3.4 防水混凝土的分类及适用范围

种 类		最高抗渗压力(MPa)	特 点	适用范围
普通防水混凝土		3.0	施工简单,材料来源广	适用于一般工业与民用建筑及公共建筑的地下防水工程
外加剂防水混凝土	引气剂防水混凝土	2.2	抗冻性好	适用于北方高寒地区抗冻性要求较高的防水工程和一般防水工程,不适用于抗压强度>20 MPa或耐磨性要求较高的防水工程
	减水剂防水混凝土	2.2	拌合物流动性好	适用于钢筋密集或捣实困难的薄壁型防水构筑物,也适用于对混凝土凝结时间(促凝或缓凝)和流动性有特殊要求的防水工程(如泵送混凝土)
	三乙醇胺防水混凝土	3.8	早期强度高,抗渗等级高	适用于工期紧迫、要求早强剂抗渗性较高的防水工程
	氧化铁防水混凝土	3.6	早期有较高抗渗性,密实性好,抗渗等级高	适用于水中结构的无筋或少筋厚大的防水混凝土工程及一般地下防水工程,以及砂浆修补抹面工程。接触直流电源或预应力混凝土及重要薄壁结构不宜使用

续表

种　类		最高抗渗压力(MPa)	特　点	适用范围
膨胀水泥防水混凝土	膨胀水泥防水混凝土	3.6	密实性好，抗渗等级高，抗裂性好	适用于地下工程和地上工程防水构筑物、山洞、非金属油罐，以及主要工程的后浇带、梁柱接头等
	膨胀剂防水混凝土	3.0		适用于一般地下防水工程及屋面防水混凝土工程

（2）防水混凝土的特点

与采用卷材防水等比较，采用防水混凝土具有以下特点：

①有防水和承重两种功能，能节约材料、加快施工速度。

②材料来源广泛，成本低廉。

③在结构物造型复杂的情况下，其施工简便，防水性能可靠。

④漏水时易于检查，便于修补。

⑤耐久性好。

⑥有利于改善工人的劳动条件。

防水混凝土在材料的组成方面虽然与普通混凝土相同，但其对性能的要求却不同于普通混凝土，它既有一定的强度要求，又有较高的抗渗要求。防水混凝土的抗渗等级一般根据工程埋置深度来确定。由于防水工程配筋较多，不允许渗漏，其抗渗等级最低定为P6。低于P6的混凝土常由于其水泥用量较少，容易出现分层离析等施工问题，抗渗性能难以保证。重要工程的防水混凝土的抗渗等级宜定为P8~P20。防水工程的设防高度应根据地下水情况和建筑物周围的土壤情况来确定。

近年来，又有一批新型防水混凝土应用于工程，如聚合物水泥混凝土、纤维混凝土等。为了提高混凝土的抗渗能力，防水界工程技术人员又采取了各种措施来克服水泥混凝土材料存在的抗拉强度低、极限拉应力变小的缺点，减少其总收缩值，增加其韧性（如采用聚合物混凝土，对混凝土施加预应力），从而使刚性防水得到了新的发展。

2）主要机具

防水混凝土的施工机具与普通混凝土的施工机具相同，一般有搅拌机械、运输机械、振捣机械等，也包括钢筋、模板施工中的机具，见图3.16至图3.18。

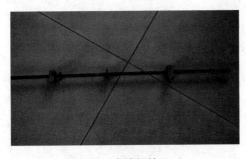

图 3.16　穿墙螺栓（一）

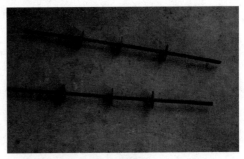

图 3.17　穿墙螺栓（二）

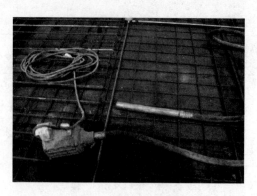

图 3.18　插入式振捣器

3.1.5　地下工程防水混凝土施工过程

1)施工计划

在进行地下工程防水混凝土施工前,应先编制施工组织设计。

①制订施工方案:施工准备工作,材料选择、技术措施(混凝土原材料及配合比设计、现场准备工作);混凝土浇筑方案,每小时浇筑量;浇筑顺序,钢筋混凝土浇筑、振捣、养护;主要管理措施;安全保护措施。

②进行施工机具及材料准备。机具包括混凝土搅拌机、翻斗车、振捣器、铁板、铁锹、吊斗、计算器具(如磅秤)等;材料包括水泥、砂、石等。

③分组实施:根据编制的施工方案,分小组进行施工操作。施工前应进行技术交底,包括:施工的部位、施工顺序、施工工艺、构造层次、节点设防方法、增强部位及做法,工程质量标准,保证质量的技术措施,成品的保护措施和安全注意事项。

④质量验收。质量标准与检查验收方法详见本项目3.1.6。

2)施工现场准备

①编制施工方案,主要包括:

a.确定浇筑顺序:底板→底层墙体→底层顶板→墙体。

b.确定浇筑方案:底板——分区段分层;墙体——水平分层交圈。

c.确定每小时浇筑量、机械道路布置、人员安排、应急措施等。

②混凝土试配:保证强度、抗渗标号及施工和易性。

③做好薄弱部位的处理。

④做好排降水工作:地下水位低于施工底面≮300,雨水不流入基坑。

⑤人员分工与技术交底。

3)材料与机具准备

(1)材料

①用于防水混凝土的水泥应符合下列规定:

a.水泥品种宜采用硅酸盐水泥、普通硅酸盐水泥,采用其他品种水泥时应经试验确定。水泥的强度等级不应低于 42.5 MPa。

b.在不受侵蚀性介质和冻融作用时,宜采用普通硅酸盐水泥、硅酸盐水泥、火山灰质硅酸盐水泥、粉煤灰硅酸盐水泥、矿渣硅酸盐水泥,使用矿渣硅酸盐水泥时必须采用高效减水剂。

c.在受侵蚀性介质作用时,应按介质的性质选用相应的水泥品种。

d.在受冻融作用时,应优先选用普通硅酸盐水泥,不宜采用火山灰质硅酸盐水泥和粉煤灰硅酸盐水泥。

e.不得使用过期或受潮结块的水泥,并不得将不同品种或强度等级的水泥混合使用。

②用于防水混凝土的砂石,应符合下列规定:

a.宜选用坚固耐久、粒型良好的洁净石子;石子最大粒径不宜大于 40 mm,泵送时其最大粒径不应大于输送管径的 1/4;吸水率不应大于 1.5%;不得使用碱活性骨料。石子的质量要求应符合国家现行标准《普通混凝土用碎石或卵石质量标准及检验方法》(JGJ 53)的有关规定。

b.砂宜选用坚硬、抗风化性强、洁净的中粗砂,不宜使用海砂;砂的质量要求应符合国家现行标准《普通混凝土用砂质量标准及检验方法》(JGJ 52)的有关规定。

③拌制混凝土所用的水,应符合国家现行标准《混凝土用水标准》(JGJ 63)的有关规定。

④防水混凝土可根据工程需要掺入减水剂、膨胀剂、防水剂、密实剂、引气剂、复合型外加剂及水泥基渗透结晶型材料,其品种和掺量应经试验确定。所有外加剂的技术性能应符合国家现行有关标准的质量要求。

⑤防水混凝土可掺入一定数量的粉煤灰、磨细矿渣粉、硅粉等。

a.粉煤灰的品质应符合国家标准《用于水泥和混凝土中的粉煤灰》(GB 1596)的有关规定,粉煤灰的级别不应低于 II 级,烧失量不应大于 5%,用量宜为胶凝材料总量的 20%～30%,当水胶比小于 0.45 时,粉煤灰用量可适当提高。

b.硅粉的品质应符合表 3.5 的要求,用量宜为胶凝材料总量的 2%～5%。

表 3.5　硅粉品质要求

项　目	指　标	项　目	指　标
比表面积(m^2/kg)	≥15 000	二氧化硅含量(%)	≥85

c.粒化高炉矿渣粉的品质要求应符合现行国家标准《用于水泥和混凝土中粒化高炉矿渣粉》(GB/T 18046)的有关规定。

d.使用复合掺合料时,其他品种和用量应通过试验确定。

e.防水混凝土可根据工程抗裂需要掺入钢纤维或合成纤维。纤维的品种及掺量应通过试验确定。

⑥每立方米防水混凝土中各类材料的总碱量(Na_2O 当量)不得大于 3 kg。氯离子含量不应超过胶凝材料总量的 0.1%。

(2)机具

防水混凝土工程所用工具参见表 3.6。

表 3.6　防水混凝土工程所用工具

序号	机具名称	规格型号	数 量	说 明
1	预拌混凝土搅拌站	—	—	采用预拌混凝土泵送
2	搅拌运输车	6 m³、7 m³、9 m³	—	
3	车泵	伸臂 16~47 m	—	
4	拖式泵	HTB60、80、90	—	
5	布料机	拖式泵配套	—	
6	搅拌机	强制式 350L、500L、750L	根据工程确定	
7	机动翻斗车	1 000 kg	根据工程确定	
8	磅秤	2 000 kg	—	
9	胶轮手推车	—	—	
10	漏斗	—	根据现场确定	
11	串筒	—	根据现场确定	
12	试模	—	普通试模、抗渗试模根据工程量确定	

4)施工要点

（1）施工工艺流程

施工工艺流程为:作业条件→混凝土搅拌→运输→模板、钢筋→混凝土浇筑→养护→拆除模板。

（2）作业条件

对于结构的防水混凝土施工中的各主要环节,均应严格遵循施工及验收规范和操作规程的规定进行施工。施工人员要增强责任心,对施工质量要高标准、严要求,做到思想重视、组织严密、措施落实、施工精细;然后做好施工准备,选择经济合理的施工方案,制订技术措施,做好技术交底,进行原材料进场和检验,将需要的工具、机械设备配备齐全,做好试配和施工配合比,做好排水、降水工作。

（3）防水混凝土的配合比

防水混凝土的配合比应符合下列规定:

①水泥用量应根据混凝土的抗渗等级和强度等级等选用,其总用量不宜小于 320 kg/m³;当强度要求较高或地下水有腐蚀性时,水泥用量可通过试验调整。

②在满足混凝土抗渗等级、强度等级和耐久性条件下,水泥用量不宜小于 260 kg/m³。

③砂率宜为 35%~40%,泵送时可增至 45%。灰砂比宜为 1∶1.5~1∶2.5。

④水胶比不得大于 0.50,有侵蚀性介质时水胶比不宜大于 0.45。

⑤采用预拌混凝土时,防水混凝土入泵坍落度宜控制在 120~160 mm,坍落度每小时损失值不应大于 20 mm,坍落度总损失值不应大于 40 mm。

⑥掺加引气剂或引气型减水剂时,混凝土含气量应控制在 3%~5%。

⑦预拌混凝土的初凝时间宜为 6~8 h。

（4）混凝土的搅拌

①准确计算、称量用料量。应选择质量过硬的商品混凝土搅拌站，严格按施工配合比准确计量各种用量。外加剂掺量必须准确，掺加方法遵从所选外加剂的使用要求。水泥、水、外加剂掺合料计量允许偏差不应大于±1%；砂石计量允许偏差不应大于2%。

②控制搅拌时间。防水混凝土采用机械搅拌，搅拌时间一般不小于 2 min。掺入引气型外加剂，则搅拌时间为 2~3 min。若掺入其他外加剂，应根据相应的技术要求确定搅拌时间。

③为保证防水混凝土有良好的和易性，不宜采用人工搅拌。

（5）混凝土的运输

混凝土在运输过程中，搅拌时间要延长，因此运输过程中要防止产生离析及坍落度和含气量的损失。拌好的混凝土要及时浇筑，常温下应在 0.5 h 内运至现场，于初凝前浇筑完毕。运送距离远或气温较高时，可掺入缓凝剂。防水混凝土拌合物在运输后如出现离析，必须进行二次搅拌。当坍落度损失后不能满足施工要求时，应加入原水灰比的水泥浆或掺加同品种的减水剂进行搅拌，严禁直接加水。

（6）施工缝的留设与施工

防水混凝土施工时应连续浇筑，宜少留施工缝。当留设施工缝时，应符合下列规定：

①墙体水平施工缝不应留在剪力最大处或底板与侧墙的交接处，应留在高出底板表面不小于 300 mm 的墙体上。拱（板）墙结合的水平施工缝，宜留在拱（板）墙接缝线以下 150~300 mm 处。墙体有顶留孔洞时，施工缝距孔洞边缘不应小于 300 mm。

②垂直施工缝应避开地下水和裂隙水较多的地段，并宜与变形缝相结合。

③水平施工缝浇筑混凝土前，应将其表面浮浆和杂物清除，然后铺净浆或涂刷混凝土界面处理剂、水泥基渗透结晶型防水涂料等材料，再铺 30~50 mm 厚的 1:1 水泥砂浆，并应及时浇筑混凝土。

④垂直施工缝浇筑混凝土前，应将其表面清理干净，再涂刷混凝土界面处理剂或水泥基渗透结晶型防水涂料，并应及时浇筑混凝土。

⑤遇水膨胀止水条（胶）应与接缝表面密贴；选用的遇水膨胀止水条（胶）应具有缓胀性能，7 天的净膨胀率不宜大于最终膨胀率的 60%，最终膨胀率宜大于 220%。

⑥采用中埋式止水带或预埋式注浆管时，应定位准确、固定牢靠。

（7）防水混凝土模板搭设

①模板施工要点如下：

a.模板应平整、拼缝严密，并应有足够的刚度、强度，且要求吸水性要小，支撑牢固，装拆方便，以钢模、木模为宜。

b.一般不宜用螺栓或铁丝贯穿混凝土墙来固定模板，以避免水沿缝隙渗入。在条件适宜的情况下，可采用滑模施工。

c.如必须采用对拉螺栓固定模板，应在预埋套管或螺栓上加焊止水环。止水环直径及环数应符合设计规定，若设计无规定，止水环直径一般为 8~10 cm，且至少一环。

②对拉螺栓固定模板的方法有：

a.螺栓加焊止水环做法。在对拉螺栓中部加焊止水环，止水环与螺栓必须满焊严密，拆模后应沿混凝土结构边缘将螺栓割断。

b.预埋套管加焊止水环做法。套管采用钢管,其长度等于墙厚(或其长度加上两端垫木的厚度之和等于墙厚),兼具撑头作用,以保持模板之间的设计尺寸。止水环在套管上满焊严密。支模时在预埋套管中穿入对拉螺栓拉紧固定模板,拆模后将螺栓抽出,套管内以膨胀水泥砂浆封堵密实。套管两端有垫木的,拆模时连同垫木一并拆除,除密实封堵套管外,还应将两端垫木留下的凹坑用同样方法封实。此法可用于抗渗要求一般的结构。

c.止水环撑头做法。止水环与螺栓必须满焊严密,两端止水环与两侧模板之间应加垫木。拆模后除去垫木,沿止水环平面将螺栓割掉,凹坑以膨胀水泥砂浆封堵。此法适用于抗渗要求较高的结构。

d.螺栓加堵头做法。在结构两边螺栓周围做凹槽,拆模后将螺栓沿平凹底割去,再用膨胀水泥砂浆将凹槽封堵。

(8)防水混凝土的钢筋绑扎

①钢筋绑扎。钢筋相互间应绑扎牢固,以防浇捣时因碰撞、震动使绑扣松散、钢筋移位、造成露筋。

②摆放垫块。钢筋保护层厚度应符合设计要求,不得有负误差。一般要求:迎水面防水混凝土的钢筋保护层厚度,不得小于 35 mm;当直接处于侵蚀性介质中时,不应小于 50 mm。

③留设保护层。应以相同配合比的细石混凝土或水泥砂浆制成垫块,将钢筋垫起。严禁以钢筋垫钢筋,或将钢筋用铁钉、铅丝直接固定在模板上。

④架设铁马凳。钢筋及绑扎铁丝均不得接触模板,若采用铁马凳架设钢筋时,在不能取掉的情况下,应在铁马凳上加焊止水环。

(9)混凝土浇筑振捣施工要点

防水混凝土在浇筑工程中应防止发生漏浆、离析、坍落度损失。

施工时的振捣是保证混凝土密实性的关键,浇筑时必须分层进行,按顺序振捣。采用插入式振捣器时,分层厚度不宜超过 30 cm;用平板振捣器时,分层厚度不宜超过 20 cm。一般应在下层混凝土初凝前接着浇筑上一层混凝土。通常,分层浇筑的时间间隔不超过 2 h;气温在 30 ℃以上时,不超过 1 h。防水混凝土浇筑高度一般不超过 1.5 m,否则应用串筒和溜槽,或用侧壁开孔的办法浇捣。

在结构中若有密集管群及预埋件,或钢筋稠密,不易使混凝土浇捣密实时,应改用相同抗渗等级的细石混凝土进行浇筑。

在浇筑大面积结构中,遇有预埋大管径套管或面积较大的金属板时,为保证下部的倒三角区域浇捣密实、不漏水,可在管底或技术板上预先留置浇筑振捣孔,浇筑后再将孔补焊严密。

振捣时,不允许用人工振捣,必须采用机械振捣,做到不漏振、欠振,又不重振、多振。防水混凝土密实度要求较高,振捣时间宜为 10~30 s,以混凝土开始泛浆和不冒气泡为止。掺引气型减水剂时应采用高频插入式振捣器振捣。振捣器的插入间距不得大于 500 mm,并灌入下层不小于 50 mm,这对保证防水混凝土的抗渗性和抗冻性更为有利。

(10)混凝土的养护

在常温下,混凝土终凝后(浇筑后 4~6 h),就应在其表面覆盖草袋,浇水湿润养护不少于 14 d。不宜用电热法养护和蒸汽养护。

（11）拆模板

防水混凝土结构拆模时，强度必须超过设计强度等级的 70%，混凝土表面温度与环境温度之差不得超过 15 ℃。

（12）冬期施工时的施工要点

防水混凝土在冬期施工时，应符合下列规定：

①防水混凝土在冬季施工时，水泥要用普通硅酸盐水泥。施工时可在混凝土中掺入早强剂，原材料可采用预热法，水和骨料及混凝土的最高允许温度参照表 3.7，混凝土入模温度不应低于 5 ℃。

表 3.7　冬季施工防水混凝土及材料最高允许温度

水泥种类	最高允许温度（℃）		
	水进搅拌机时	骨料进搅拌机时	混凝土出搅拌机时
32.5 级普通水泥	70	50	40
42.5 级普通水泥	60	40	35

②混凝土养护应采用综合蓄热法、蓄热法、暖棚法、掺化学外加剂等方法，不得采用电热法或蒸气直接加热法。

③大体积防水混凝土工程以蓄热法施工时，要防止水化热过高，内外温差过大，造成混凝土开裂。混凝土浇筑完成后应及时用湿草袋覆盖保温，再覆盖干草袋或棉被加以保温，以控制内外温差不超过 25 ℃。

（13）大体积防水混凝土的施工

大体积防水混凝土的施工，应符合下列规定：

①在设计许可的情况下，掺粉煤灰混凝土设计强度等级的龄期宜为 60 d 或 90 d。

②宜选用水化热低和凝结时间长的水泥。

③宜掺入减水剂、缓凝剂等外加剂和粉煤灰、磨细矿渣粉等掺合料。

④炎热季节施工时，应采取降低原材料温度、减少混凝土运输时吸收外界热量等降温措施，入模温度不应大于 30 ℃。

⑤如混凝土内部预埋管道，宜进行水冷散热。

⑥应采取保温保湿养护。混凝土中心温度与表面温度的差值不应大于 25 ℃，表面温度与大气温度的差值不应大于 20 ℃，温降梯度不得大于 3 ℃/d，养护时间不应少于 14 d。

3.1.6　安全、质检与环保

1）施工安全技术

①施工人员（尤其是专业人员）要严格遵守国家颁布的《建筑安装安全技术规程》，所有操作及相关设备必须符合相关安全规范、规程标准。在施工前，应做好工程技术交底工作。

②进入施工现场必须正确佩戴安全帽，遵守安全生产操作规程，服从现场安全管理人员的统一指挥。严禁穿拖鞋、高跟鞋等进入现场。

③建立、健全项目安全管理体系，加强安全员安全教育，提高安全意识。

④施工场地应平整,脚手架搭设要牢固。

⑤在拆模和吊运其他构件时,不得碰坏施工缝企口及撞动止水带。保护好穿墙管和预埋件的位置,防止振捣时挤扁穿墙管或预埋件移位。

⑥振捣混凝土必须搭设临时桥道,不允许推车在钢筋面上行走。桥道搭设要用桥凳架空,不允许桥道压在钢筋面上。保护钢筋模板位置正确,不得踩踏钢筋和模板。

⑦禁止在混凝土初凝后、终凝前在其上面推车或堆放物品。

⑧遵守机电的安全操作规程,各种电动机具必须接地并装设漏电保护开关。

⑨使用振动器应穿绝缘胶鞋、戴绝缘手套,湿手不得接触开关,电源线不得有破皮漏电,并应按规定安装防漏电开关。

⑩振动着的振动器振棒不得放在地板、脚手架及未凝固的混凝土和钢筋面上。

⑪各设备的电路应经常检查、排除隐患,做到安全用电。施工用电线路应架空,配电箱应由专职电工负责。

2)施工质量标准与检查评价

防水混凝土工程的施工质量与评价按照国家标准《地下防水工程施工质量验收规范》(GB 50208—2011)执行,通过对照规范中主控项目和一般项目的规定进行检查评价。

(1)地下防水工程质量验收的主控项目

①防水混凝土的原材料、配合比及坍落度必须符合设计要求。检验方法:检查出厂合格证,产品性能检测报告、计量措施和材料进场检验报告。

②防水混凝土的抗压强度和抗渗性能必须符合设计要求。检验方法:检查混凝土抗压、抗渗性能检验报告。

③防水混凝土结构的施工缝、变形缝、后浇带、穿墙管、埋设件等设置和构造必须符合设计要求。检验方法:观察检查和检查隐蔽工程验收记录。

(2)地下防水工程质量验收的一般项目

①防水混凝土结构表面应坚实、平整,不得有露筋、蜂窝等缺陷;埋设件位置应正确。检验方法:观察检查。

②防水混凝土结构表面的裂缝宽度不应大于 0.2 mm,且不得贯通。检验方法:用刻度放大镜检查。

③防水混凝土结构厚度不应小于 250 mm,其允许偏差应为+8 mm、-5 mm;主体结构迎水面钢筋保护层厚度不应小于 50 mm,其允许偏差为±5 mm。检验方法:尺量检查和检查隐蔽工程验收记录。

地下防水工程施工完毕后,先由施工班组自行按照地下防水施工质量验收规范进行质量检查和验收,然后各班组之间进行互检,并提交验收表格,最后由工程技术人员组织各班组进行验收。

3)环保要求及措施

①水泥、砂、石等原材料要存放整齐。

②使用防水剂时要避免污染环境。

③优先使用商品混凝土,避免环境污染。

④采取减少噪声的措施,以免扰民。

子项 3.2　地下工程卷材防水施工

　　地下工程卷材防水施工有外防外贴法施工和外防内贴法施工。外防外贴防水法,是指在底板垫层上铺设卷材防水层,并在围护结构墙体施工完成后,再将立面卷材防水层直接铺贴在围护结构的外墙面,然后采取保护措施的施工方法。其优点是随时间的推移,围护结构墙体的混凝土将会逐渐干燥,能有效防止室内潮湿。但当基坑采取大开挖和板桩支护时,则需采取措施,以解决水平支撑部位影响防水层施工的问题。外防内贴法是在底板垫层上先将永久性保护墙全部砌完,再将卷材防水层铺贴在永久性保护墙和底板垫层上,待防水层全部做完,最后浇筑围护结构混凝土。这是在施工环境条件受到限制,难以实施外防外贴法而不得不采用的一种施工方法。

3.2.1　导入案例

　　工程概况:某酒店地下室外墙防水工程,外墙为剪力墙结构,局部为填充墙(外做水泥砂浆抹面),防水面积为 900 m^2。地下水位比较高,且地下水有侵蚀性。结构基础底板及地下室外墙采用抗渗混凝土,地下室外墙外贴两层 3 mm 厚 SBS 改性沥青防水卷材,施工缝防水采用止水钢板及 BW 止水条。

　　工程使用主要材料为 3 mm 厚两层 SBS 弹性体改性沥青(聚酯胎)防水卷材、汽油、二甲苯、橡胶沥青嵌缝膏。主要机具有小平铲、滚刷、橡皮刮板、喷枪、手持压辊、铁抹子、卷材、剪刀等。施工图已通过了图纸会审,已制订了详细的防水施工方案,施工前向施工队进行了详细的技术交底。

3.2.2　本子项教学目标

1)知识目标

　　了解防水卷材的品种和质量要求;熟悉地下卷材防水细部构造;掌握地下卷材防水工程的施工工艺。

2)能力目标

　　能够确定地下卷材防水材料;能够编制地下卷材防水工程施工方案;能够进行地下卷材防水工程施工;能够进行地下卷材防水工程施工质量控制与验收;能够组织地下卷材防水安全施工;能够对进场材料进行质量检验。

3)品德素质目标

　　具有良好的政治素质和职业道德;具有良好的工作态度和责任心;具有良好的团队合作能力;具有组织、协调和沟通能力;具有较强的语言和书面表达能力;具有查找资料、获取信息的能力;具有开拓精神和创新意识。

3.2.3 地下工程卷材防水构造

①地下防水工程一般把卷材防水层设置在建筑物结构的外侧,称之为外防水。外防水又有两种做法,即"外防外贴法"和"外防内贴法"。"外防外贴法"的设置方法如图 3.19 所示,"外防内贴法"的设置方法如图 3.20 所示,二者的优缺点比较见表 3.8。

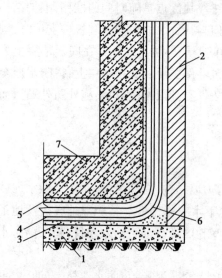

图 3.19 "外防外贴法"的设置方法
1—混凝土垫层;2—永久性保护墙;
3—找平层;4—卷材防水层;5—保护层;
6—卷材附加层;7—防水结构

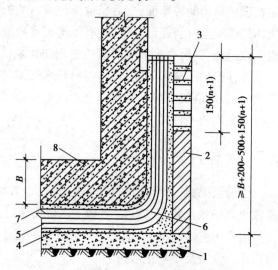

图 3.20 "外防内贴法"的设置方法
1—混凝土垫层;2—永久性保护墙;
3—临时性保护墙;4—找平层;5—卷材防水层;
6—卷材附加层;7—保护层;8—防水结构

表 3.8 外防外贴法和内防内贴法优缺点比较

名称	优 点	缺 点
外防 外贴法	(1)因绝大部分卷材防水均直接贴在结构的外表面,故其防水层受结构沉降变形影响小; (2)由于是后贴立面防水层,故在浇筑混凝土结构时不会损坏防水层,只需要注意底板与留槎部位防水层的保护即可; (3)便于检查混凝土结构及卷材防水层的质量且容易修补	(1)工序多、工期长,需要一定的工作面; (2)土方量大,模板需用量也较大; (3)卷材接头不宜保护好,施工烦琐,影响防水层质量
外防 内贴法	(1)工序简便、工期短; (2)节省施工占地,土方量小; (3)节约外墙外侧模板; (4)卷材防水层无须临时固定留槎,可连续铺贴,质量容易保证	(1)受结构沉降变形影响,容易断裂,产生漏水现象; (2)卷材防水层及混凝土结构抗渗质量不易检验,如产生渗漏,修补较困难

②卷材防水层甩槎、接槎构造见图3.21。

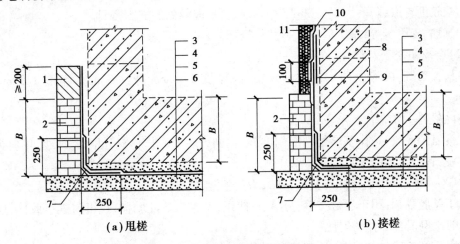

(a)甩槎　　　　　　　　　(b)接槎

图 3.21　卷材防水甩槎、接槎构造

1—临时保护墙;2—永久保护墙;3—细石混凝土保护层;4—卷材防水层;

5—水泥砂浆找平层;6—混凝土垫层;7—卷材加强层;8—结构墙体;

9—卷材加强层;10—卷材防水层;11—卷材保护层

③阴阳角处应做成圆弧或45°(135°)折角,其尺寸视卷材品质确定。在转角、阴阳角等特殊部位,应增贴1~2层相同的卷材,宽度不宜小于500 mm。

④铺贴防水卷材采用的水泥砂浆找平层,其厚度为15~20 mm,水泥与砂的体积配合比为1:(2.5~3),水泥标号不宜低于42.5级。关于找平层的做法,应根据不同部位分别考虑。对主体结构平面不宜做找平层,应充分利用结构自身通过收水、压实、找坡、抹平,以满足做卷材防水层所需要的平整度。采用这样的做法,有利于卷材防水层与混凝土结构的结合,有利于防水层适应基层裂缝的出现与展开。对于结构侧墙的找平,应先在找平层施工前涂刷一道界面处理剂(如采用聚合物水泥),然后再做找平层,可避免出现找平层的空鼓、开裂。

⑤平面卷材防水层的保护层宜采用50~70 mm 厚C15细石混凝土;侧墙防水层的保护层则应根据工程条件和防水层的特性选用其相适合的保护层材料。保护层应能经受回填土或施工机械的碰撞与穿刺,并能在建筑物出现不均匀沉降时起到滑移层的功能。此外,保护层不能因回填土而形成含水带,成为细菌滋生的场地,以及产生静水压导致危害立体结构。

3.2.4　使用材料与机具知识

1)主要材料

(1)高聚物改性防水卷材

主料:高聚物改性沥青防水卷材。

配套材料主要有:

①氯丁橡胶沥青胶黏剂:是氯丁橡胶加入沥青及溶剂配制而成的黑色液体用于油毡接缝的黏结。

②橡胶沥青乳液:用于卷材黏结。

③橡胶沥青嵌缝膏:用于特殊部位、管根、变形缝等处的嵌固密封。

④汽油、二甲苯等:用于清洗工具及污染部位。

(2)合成高分子卷材

主材:三元乙丙橡胶防水卷材。规格为:厚度 1.2 mm 或 1.5 mm,宽度 1.0 m,长度 20.0 m。

辅助材料主要有:

①聚氨酯底胶:用作基层处理剂(相当于涂刷冷底子油),材料分甲、乙两组,甲料为黄褐色胶体,乙料为黑色胶体。

②CX-404胶:用于卷材与基层粘贴,为黄色混浊胶体。

③丁基胶黏剂:用于卷材接缝,分 A、B 两组,A 组为黄浊胶体,B 组为黑色胶体,使用时按 1∶1 的比例混合搅拌均匀使用。

④聚氨酯涂膜材料:用于处理接缝增补密封,材料分甲、乙两组,甲组为褐色胶体,乙组为黑色胶体。

⑤聚氨酯嵌缝膏:用于卷材收头处密封。

⑥二甲苯:用于浸洗刷工具。

⑦乙酸乙酯:用于擦洗手。

2)主要机具

(1)改性防水卷材主要用具

清理用具:高压吹风机、小平铲、笤帚。

操作工具:电动搅拌器、油毛刷、铁桶、汽油喷灯或专用火焰喷枪、压子、手持压辊、铁辊、剪刀、量尺、1 500 mmϕ30 管(铁、塑料)、划(放)线用品。

(2)高分子卷材主要用具

基层处理用具:高压吹风机、平铲、钢丝刷、笤帚。

材料容器:大、小铁桶。

弹线用具:量尺、小线、色粉袋。

裁剪卷材用具:剪刀。

涂刷用具:滚刷、油刷、压辊、刮板。

3.2.5 地下工程卷材防水施工过程

1)施工计划

进行地下卷材防水施工,先要编制施工组织设计文件。

①制订施工方案,主要包括:工程概况,质量工作目标(质量目标、质量预控标准、工序质量检查),防水材料的选用及要求(防水材料选用、防水材料质量要求、防水材料的保管和运输),施工准备(人员准备、施工机具准备、材料准备、技术准备),施工要点(工艺流程、施工工艺),季节施工措施,成品保护,安全文明施工保证措施,质量验收,施工注意事项。

②进行施工机具及材料准备,详见本项目 3.2.4。

③分组实施:根据编制的施工方案,分小组进行施工操作。施工前应进行技术交底,包括:施工的部位、施工顺序、施工工艺、构造层次、节点设防方法、增强部位及做法、工程质量标准、保证质量的技术措施、成品的保护措施和安全注意事项。

④质量验收。质量标准及检查验收方法详见本项目 3.2.6。

2)施工现场准备

施工前清理基层上杂物、尘土;基层干净,含水率满足施工要求;天气晴朗,风力二级,气温 23 ℃,近一周无雨。

3)材料与机具准备

按照选用的卷材进行主材及辅助材料的准备和施工机具的准备。

4)卷材防水层施工工艺

(1)外防外贴法

先在垫层上铺贴底层卷材,四周留出接头,待底板混凝土和立面混凝土浇筑完毕后,将立面卷材防水层直接铺设在防水结构的外墙表面,如图 3.19 所示。具体施工顺序如下:

①浇筑防水结构底板混凝土垫层,在垫层上抹 1∶3 水泥砂浆找平层,抹平压光。

②然后在底板垫层上砌永久性保护墙,保护墙的高度为 $B+(200\sim500)$ mm(B 为底板厚度),墙下平铺油毡条一层。

③在永久性保护墙上砌临时性保护墙,保护墙的高度为 150×(油毡层数+1),临时性保护墙应用石灰砂浆砌筑。

④在永久性保护墙和垫层上抹 1∶3 水泥砂浆找平层,转角要抹成圆弧形;在临时性保护墙上抹石灰砂浆找平层,并刷石灰浆;若用模板代替临时性保护墙,应在其上涂刷隔离剂。保护墙找平层基本干燥后,满涂冷底子油一道,但临时性保护墙不涂冷底子油。

⑤在垫层及永久性保护墙上铺贴卷材与防水层,转角处加贴卷材附加层。铺贴时应先底面、后立面,四周接头甩槎部位应交叉搭接,并贴于保护墙上;从垫层折向立面的卷材与永久性保护墙的接触部位,应用胶结材料紧密贴严,与临时性保护墙(或围护结构模板)的接触部位应分层临时固定在该墙(或模板)上。

⑥油毡铺贴完毕,在底板垫层和永久性保护墙上抹热沥青或玛琋脂,并趁热撒上干净的热砂,冷却后在垫层、永久性保护墙和临时性保护墙上抹 1∶3 水泥砂浆作为卷材防水层的保护层。浇筑防水结构的混凝土底板和墙身混凝土时,保护墙作为增体外侧模板。

⑦防水结构混凝土浇筑完工并检查验收后,拆除临时性保护墙,清理出甩槎接头的卷材,如有破损,应先进行修补再依次分层铺贴防水结构外表面的防水卷材。此处卷材可错槎接缝,上层卷材盖过下层卷材不应小于 150 mm,接缝处应加盖条。

⑧卷材防水层铺贴完毕应立即进行渗漏检验,有渗漏应立即修补,无渗漏时砌永久性保护墙。永久性保护墙每隔 5~6 m 及转角处应留缝,缝宽不小于 20 mm,缝内用油毡条或沥青麻丝填塞。保护墙与卷材防水层之间的缝隙,边砌边用 1∶3 水泥砂浆填满,保护墙施工完

毕,随即回填土。

⑨采用外防外贴法铺贴卷材防水层时,应符合下列规定:

a.铺贴卷材应先铺平面,后铺立面,交接处应交叉搭接。

b.临时性保护墙宜采用石灰砂浆砌筑,内表面应用石灰砂浆做找平层,并刷石灰浆。如用模板代替临时性保护墙,应在其上涂刷隔离剂。

c.从底面折向立面的卷材与永久性保护墙的接触部位,应采用空铺法施工。卷材与临时保护墙或围护结构模板接触的部位,应将卷材临时贴附在该墙上或模板上,卷材铺好后,顶端应临时固定。

d.当不设保护墙时,从底面折向立面的卷材的接槎部位应采取可靠的保护措施。

e.混凝土主体结构完成后,铺贴立面卷材时,应先将接槎部位的各层卷材揭开,并将其表面清理干净,如卷材有局部损伤,应及时进行修补。卷材接槎的搭接长度,高聚物改性沥青卷材为 150 mm,合成高分子卷材为 100 mm。当使用两层卷材时,卷材应错槎接缝,上层卷材应盖过下层卷材。

卷材的甩槎、接槎做法如图 3.21 所示。

(2)外防内贴法

先浇筑混凝土垫层,在垫层上将永久性保护墙全部砌好,抹水泥砂浆找平层,将卷材防水层直接铺贴在垫层和永久性保护墙上,做法如图 3.20 所示。其施工顺序如下:

①做混凝土垫层。如保护墙较高,可采取加大永久性保护墙下垫层厚度做法,必要时可配置加强钢筋。

②在混凝土垫层上砌永久性保护墙。保护墙厚度可采用一砖厚,其下干铺油毡一层。

③保护墙砌好后,在垫层和保护墙表面抹 1∶3 水泥砂浆找平层,阴阳角处应抹成钝角或圆角。

④找平层干燥后,刷冷底子油 1~2 遍,待冷底子油干燥后,将卷材防水层直接铺贴在保护墙和垫层上。铺贴卷材防水层时应先铺立面,后铺平面;铺贴立面时,应先转角,后大面。

⑤卷材防水层铺贴完毕后,及时做好保护层。平面上可浇一层 30~50 mm 的细石混凝土或抹一层 1∶3 水泥砂浆,立面保护层可在卷材表面刷一道沥青胶结料,趁热撒一层热砂冷却后再在其表面抹一层 1∶3 水泥砂浆找平层,并搓成麻面,以利于与混凝土墙体的黏接。

⑥浇筑防水结构的底板和墙体混凝土。

⑦回填土。

⑧当施工条件受到限制时,可采用外防内贴法铺贴卷材防水层,并应符合下列规定:

a.混凝土主体结构的保护墙内表面应抹厚度为 20 mm 的 1∶3 水泥砂浆找平层,然后铺贴卷材,并根据卷材特性选用保护层。

b.卷材宜先铺立面,后铺平面;铺贴立面时,应先铺转角,后铺大面。

(3)防水卷材的粘贴方法及提高卷材防水层质量的技术措施

①防水卷材的粘贴按其施工方法的不同可分为热施工法和冷施工法两大类,见表 3.9。防水卷材还可以根据卷材与基层的粘贴面积分为满粘、条粘、点粘、空铺等类型,参见表3.10。

表 3.9　卷材防水的施工方法及适用范围

施工法		概　要	适用范围
热施工法	热玛琋脂黏接法	首先熬制玛琋脂,趁热浇撒在基层或已铺贴好的卷材上,立即在其上铺贴一层卷材	传统施工方法,主要适用于沥青类防水卷材施工
	热熔法	采用火焰加热器熔化热熔型卷材底层的热熔胶,进行卷材的粘贴	适用于 SBS、APP 改性沥青防水卷材的接缝施工
	热风焊接法	采用热空气焊枪进行卷材搭接结合,一般还要辅以其他施工方法	一般用于高分子卷材,如 PVC 卷材等的接缝施工
冷施工法	冷粘法 冷玛琋脂黏接法	直接喷涂冷玛琋脂进行卷材与基层、卷材与卷材的黏接,不需加热施工	用于沥青卷材和高聚物改性沥青卷材的施工
	冷粘法 冷胶黏剂黏接法	涂刷冷胶黏剂用于卷材与基层、卷材与卷材的黏接,不需加热	适用于合成高分子卷材的施工
	自粘法	采用常用自粘胶的卷材,不用热施工,也不用涂刷胶结材料,施工时撕去卷材底面的隔离纸,靠其底面的自粘胶直接粘贴卷材即可。有时辅以热风加热器加热搭接部位	适用于各种自粘型卷材的施工
机械固定工艺	机械钉压法	采用镀锌钉或铜钉等固定卷材防水层	多用于木基层上铺设高聚物改性沥青卷材
	压埋法	卷材与基层大部分不粘接,上面采用卵石等压埋,但搭接缝及周边要全粘	用于空铺法

表 3.10　卷材与基层黏接法及适用范围

黏接法	概　要	适用范围
满粘法	也称全粘法,卷材铺贴时,基层上满涂黏结剂,使卷材与基层全部黏接	基层干燥、坡度较大或常有大风吹袭的地方
条粘法	铺贴卷材时,卷材与基层采用条状黏接。要求每幅卷材与基层黏接面不少于两条,每条宽度不小于 150 mm,卷材之间满粘	适用于有较大变形的基层,一般要求其上覆有可靠的保护层
点粘法	铺贴卷材时,卷材与基层采用点状黏接,要求黏接 5 点/m²,每点面积为 100 mm×100 mm,卷材之间仍满粘,黏接面积不大于总面积	
空铺法	铺贴卷材时,卷材与基层仅在四周 800 mm 的宽度内黏接,其余部分不黏接	适用于某些有较大变形震动等的基层,一般要求其上覆可靠的保护层

②提高卷材防水层质量的技术措施可以从以下几个方面着手:

a.卷材防水层是黏附在具有足够刚度的结构层或结构层上的找平层上面的,当结构层因种种原因产生变形裂缝时,要求卷材有一定的延伸率来适应其变形,此时采用条粘、点粘、空铺的施工工艺就可以充分发挥卷材的延伸性能,有效地减少卷材被拉裂的可能性。因此,采用条粘法、点粘法、空铺法施工,是提高卷材防水层质量的重要技术措施。

b.对于变形较大、易遭破坏或者老化的部位,如变形缝、转角、三面角、穿墙管道周围、地下出入口通道等处,均应铺设卷材附加层。附加层可采用同种卷材加铺1~2层,也可采用其他材料做增强处理。增铺卷材附加层也是提高卷材防水层质量的技术措施之一。

c.提高卷材防水层质量的技术措施还有做密封处理。为使卷材防水层增强适应变形的能力,提高防水层的整体质量,在分格缝、穿墙管道四周、卷材搭接缝以及收头部位应做密封处理。

5)高聚物改性沥青防水卷材防水层施工工艺

(1)施工工艺流程

高聚物改性沥青防水卷材施工工艺为:基层清理→涂刷基层处理剂→铺贴附加层→热熔铺贴卷材→热熔封边→做保护层。

(2)作业条件要求

①卷材防水层的基面应坚实、平整、清洁,阴阳角处应做圆弧或折角,并应符合所用卷材的施工要求。防水卷材施工前,基面应干净、干燥,并应涂刷基层处理剂;当基面潮湿时,应涂刷湿固化型胶黏剂或潮湿界面隔离剂。基层处理剂的配制与卷材及其黏结材料的材性相容;施工时基层处理剂喷涂或刷涂应均匀一致,不应露底,表面干燥后方可铺贴卷材。

②铺贴卷材严禁在雨天、雪天、五级及以上大风中施工;冷粘法、自粘法施工的环境气温不宜低于5 ℃,热熔法、焊接法施工的环境气温不宜低于-10 ℃。施工过程中遇下雨或下雪时,应做好已铺卷材的防护工作。

(3)各类防水卷材施工要点

①应铺设卷材加强层。

②结构底板垫层混凝土部位的卷材可采用空铺法或点粘法施工,其黏结位置、点粘面积应按设计要求确定;侧墙采用外防外贴法的卷材及顶板部位的卷材应采用满粘法施工。

③卷材与基面、卷材与卷材间的黏结应紧密、牢固;铺贴完成的卷材应平整顺直,搭接尺寸应准确,不得有扭曲和皱褶。

④卷材搭接处和接头部位应粘贴牢固,接缝口应封严或采用材性相容的密封材料封缝。防水卷材的搭接宽度,应符合防水卷材搭接宽度的要求,见表3.11。

表3.11 防水卷材搭接宽度

卷材品种	搭接宽度(mm)
弹性体改性沥青防水卷材	100
改性沥青聚乙烯胎防水卷材	100
自粘聚合物改性沥青防水卷材	80
三元乙丙橡胶防水卷材	100/60(胶黏剂/胶黏带)
聚乙烯防水卷材	60/80(单焊缝/双焊缝)
	100(胶黏剂)
聚乙烯丙纶复合防水卷材	100(胶黏料)
高分子自黏胶膜防水卷材	70/80(自黏胶/胶黏带)

⑤铺贴立面卷材防水层时,应采取防止卷材下滑的措施。

⑥铺贴双层卷材时,上下两层和相邻两幅卷材的接缝应错开1/3~1/2幅宽,且两层卷材不得相互垂直铺贴。

(4)弹性体改性沥青防水卷材和改性沥青聚乙烯胎防水卷材施工

弹性体改性沥青防水卷材和改性沥青聚乙烯胎防水卷材采用热熔法施工应加热均匀,不得加热不足或烧穿卷材,搭接缝部位应溢出热熔的改性沥青。

(5)铺贴自粘聚合物改性沥青防水卷材施工

①基层表面应平整、干净、干燥、无尖锐突起物或孔隙。

②排除卷材下面的空气,应滚压粘贴牢固,卷材表面不得有扭曲、皱褶和起泡现象。

③立面卷材铺贴完成后,应将卷材端头固定或嵌入墙体顶部的凹槽内,并用密封材料封严。

④低温施工时,宜对卷材和基面适当加热,然后铺贴卷材。

(6)采用外防外贴法铺贴卷材防水层时的规定

①应先铺平面,后铺立面,交接处应交叉搭接。

②临时性保护墙宜采用石灰砂浆砌筑,内表面宜做找平层。

③从底面折向立面的卷材与永久性保护墙的接触部位,应采用空铺法施工;卷材与临时性保护墙或围护结构模板的接触部位,应将卷材临时贴附在该墙上或模板上,并应将顶端临时固定。

④当不设保护墙时,从底面折向立面的卷材接槎部位应采取可靠的保护措施。

⑤混凝土结构已完成、铺贴立面卷材时,应先将接槎部位的各层卷材揭开,并应将其表面清理干净。如卷材有局部损伤,应及时进行修补。卷材接槎的搭接长度,高聚物改性沥青类卷材应为150 mm,合成高分子类卷材应为100 mm。当使用两层卷材时,卷材应错槎接缝,上层卷材应盖过下层卷材。

(7)采用外防内贴法铺贴卷材防水层时的规定

①混凝土结构的保护墙内表面应抹厚度为20 mm的1:3水泥砂浆找平层,然后铺贴卷材。

②卷材宜先铺立面,后铺平面;铺贴立面时,应先铺转角,后铺大面。

6)合成高分子防水卷材防水层施工工艺

(1)工艺流程

合成高分子卷材施工工艺为:基层清理→聚氨酯底胶配制→涂刷聚氯酯底胶→特殊部位进行增补处理(附加层)→卷材粘贴面涂胶、基层表面涂胶→铺贴防水卷材→做保护层。

(2)三元乙丙橡胶防水卷材施工(满粘法)

①铺贴前在基层面上排尺弹线,作为掌握铺贴的标准线,使其铺设平直。

②涂布基层胶黏剂。基层胶黏剂使用之前,需经搅拌均匀方可使用,分别涂刷在基层和卷材底面,涂刷应均匀,不漏底,不堆积。

③卷材涂布胶黏剂。将卷材展开摊铺在干净、牢整的基层上,用长把滚刷或扁刷蘸满胶

黏剂均匀地涂布在卷材表面上,但接头部位100 mm不能涂胶,待膜基本干燥(手感基本不粘手)后即可进行铺贴卷材。

④基层表面涂布胶黏剂。待底胶基本干燥后,用滚刷或扁刷蘸满胶黏剂均匀涂布在干净的基层表面上,涂胶后,待指触基本不粘时即可进行铺贴卷材的施工。

⑤卷材粘贴。将卷材用圆木卷好,由两人抬至铺设端头,注意用线控制,位置要正确,黏结固定端头,然后沿弹好的标准线向另一端铺贴。操作时,卷材不要拉太紧,并注意方向沿标准线进行,以保证卷材有足够的搭接宽度。

a.卷材不得在阴阳角处接头,接头处应间隔错开。

b.操作中应注意排气,每铺完一张卷材,应立即用干净的滚刷从卷材的一端开始横向用力滚压一遍,以便将空气排出。

c.滚压排除空气后,为使卷材黏结牢固,应用外包橡胶的铁辊滚压一遍。

⑥卷材搭接缝的黏结。卷材铺好压实后,应将搭接部位的结合面清除干净,在搭接部位每隔1 m左右涂刷少许基层胶黏剂,将接头部位的卷材翻开临时黏结固定,再用与卷材配套的接缝专用胶黏剂,用毛刷在接缝黏合面上分别涂刷均匀,不露底,不堆积,以指触基本不粘手后,用手一边压合一边驱除空气,黏合后再用压辊滚压一遍,要求黏结牢固、不翘边、不起鼓。

⑦收头处理。待全部卷材铺贴完毕后,需对卷材铺贴状况进行全面检查,看其是否黏合牢固,有无翘边、起鼓现象。然后将全部搭接缝处用毛刷清扫干净尘土、杂物,涂刷一遍基层胶黏剂,涂刷宽度应比胶黏带宽度多5~10 mm,等胶黏剂基本干燥(感不粘手),再将密封胶带沿卷材搭接缝压紧在卷材上,不得压偏或出现间断,用手辊压实。

⑧卷材防水层经过验收合格后,即可做保护层。

⑨铺贴三元乙丙橡胶防水卷材应采用冷粘法施工,并应符合下列规定:

a.基底胶黏剂应涂刷均匀,不应露底、堆积。

b.胶黏剂涂刷与卷材铺贴的间隔时间应根据胶黏剂的性能控制。

c.铺贴卷材时,应滚压粘贴牢固。

d.搭接部位的黏合面应清理干净,并应采用接缝专用胶黏剂或胶黏带黏结。

(3)聚氯乙烯(PVC)防水卷材施工

铺贴聚氯乙烯防水卷材,接缝采用焊接法施工时,应符合下列规定:

①卷材的搭接缝可采用单焊缝或双焊缝。单焊缝搭接宽度应为60 mm,有效焊接宽度不应小于30 mm;双焊缝搭接宽度应为80 mm,中间应留设10~20 mm的空腔,有效焊接宽度不宜小于10 mm。

②焊接缝的结合面应清理干净,焊接应严密。

③根据需防水基层轮廓进行排尺弹线,并确定好卷材的铺贴方向。

④把PVC卷材依线自然布置在基层上,平整顺直,不得扭曲,尽量少接头,有接头部位应相互错开。

⑤基层四周立面刷胶满粘,大面积平面宜采用空铺法,接缝采用热风焊接,收口部位采用固定件及铝压条固定,并用密封胶密封。

⑥平行于第一幅卷材进行下幅卷材铺贴,焊接前要检查卷材的铺放是否平整顺直,搭接尺寸是否准确。卷材焊接部位应干净、干燥,先焊长边焊缝,后焊短边焊缝,依此顺序铺贴至边缘。

⑦焊接时,待焊枪升温至 200 ℃左右,将焊枪平口伸入焊缝处,先进行预焊,后进行施焊。焊嘴与焊接方向成 45°,将 PVC 卷材用热风吹至表面熔融,用压辊压实,观察焊缝处是否有亮色提浆。

⑧待焊缝温度降至常温时,用木柄弯针检查焊缝是否有虚焊、脱焊、漏焊。

⑨如遇突出基层的管道,采用 PVC 光板焊成直径略小于管道的圆筒,用焊枪加热紧紧地套在管道上根部焊实,收口处用专用铝压条箍紧,边缘裁齐,用密封胶封口。

⑩外墙外立面施工时,采用满粘法,施工方法同三元乙丙防水层满粘法施工。

⑪防水层施工完毕,应对铺设的卷材做全面的质量检查,如有损坏,应及时做修补处理,经验收合格后,应及时进行保护层施工。

(4)聚乙烯丙纶复合防水卷材施工

铺贴聚乙烯丙纶复合防水卷材,应符合下列规定:

①应采用配套的聚合物水泥防水黏结材料。

②卷材与基层粘贴应采用满粘法,黏结面积不应小于 90%,刮涂黏结料应均匀,不应露底、堆积。

③固化后的黏结料厚度不应小于 1.3 mm。

④施工完的防水层应及时做保护层。

(5)高分子自粘胶膜防水卷材施工

高分子自粘胶膜防水卷材宜采用预铺反粘法施工,并应符合下列规定:

①卷材宜单层铺设。

②在潮湿基面铺设时,基面应平整、坚固、无明显积水。

③卷材长边应采用自粘边搭接,短边应采用胶黏带搭接,卷材端部搭接区应相互错开。

④立面施工时,在自粘边位置距离卷材边缘为 10~20 mm,应每隔 400~600 mm 进行机械固定,并应保证固定位置被卷材完全覆盖。

3.2.6 安全、质检与环保

1)施工安全技术

(1)卷材防水层的安全防护

卷材防水层经检查合格后,应及时做保护层,保护层应符合下列规定:

①顶板卷材防水层上的细石混凝土保护层,其厚度应满足:采用机械碾压回填土时,保护层厚度不宜小于 70 mm;采用人工回填土时,保护层厚度不宜小于 50 mm 且防水层与保护层之间宜设置隔离层。

②底板卷材防水层上的细石混凝土保护层厚度不应小于 50 mm。

③侧墙卷材防水层宜采用软质保护材料,或铺抹 20 mm 厚 1∶2.5 水泥砂浆层。

④浇筑结构混凝土时不得损伤防水层。

(2)操作施工安全

①工作开始前,技术人员要向施工人员进行技术、安全、环保交底。

②施工过程中,应有专人负责检查,严格按照安全规程进行各项操作,并随时检查防护用品的佩戴情况。

③对患有皮肤病、结核病、结膜炎病以及过敏体质的人员,不得从事此项工作。

④由于卷材中某些组成材料和胶黏剂具有一定的毒性和易燃性,因此,在材料保管、运输、施工过程中,要注意防火和预防职业中毒、烫伤事故发生。

⑤施工过程中应做好基坑和地下结构的临边防护,防止出现坠落事故。

⑥佩戴好安全帽及防护用品,高温天气施工时要有防暑降温措施,若在通风不良环境中施工,要注意每隔一段时间休息一次。

⑦仓库及施工现场严禁吸烟、点火或在防水层施工上方进行电、气焊工作,收工时要进行检查。

⑧切实做好防火工作,根据实际情况配备必要且充足的消防器材。

⑨施工中废弃物质要及时分类清理,外运至指定地点,避免污染环境。

2)施工质量标准与检查评价

(1)地下防水卷材施工的质量标准主控项目

①卷材防水层所用卷材及主要配套材料必须符合设计要求。检验方法:检查产品合格证、产品性能检测报告和材料进场检验报告。

②卷材防水层在转角处、变形缝、穿墙管等部位做法必须符合设计要求。检验方法:观察检查和检查隐蔽工程验收记录。

(2)地下防水卷材施工的质量标准一般项目

①卷材防水层的搭接缝应粘贴或焊接牢固,密封严密,不得有扭曲、皱褶、翘边和起泡等缺陷。检验方法:观察检查。

②采用外防外贴法铺贴卷材防水层时,对于立面卷材接槎的搭接宽度,高聚物改性沥青类卷材应为 150 mm,合成高分子类卷材应为 100 mm,且上层卷材应盖过下层卷材。检验方法:观察和尺量检查。

③侧墙卷材防水层的保护层与防水层应结合紧密,保护层厚度应符合设计要求。检验方法:观察和尺量检查。

④卷材搭接宽度的允许偏差为 -10 mm。检验方法:观察和尺量检查。

地下卷材防水工程施工完毕后,先由施工班组自行按照地下卷材防水施工质量验收规范进行质量检查和验收,然后各班组之间进行互检,并提交验收表格,最后由工程技术人员组织各班组进行验收。

3)环保要求及措施

①防水材料及辅料中的易燃、易爆品必须设专门的库房保管,库房内严禁人员住宿,库

房应远离生活区,要求室内温度不宜过高、通风良好,悬挂"严禁烟火"的警示牌,并配备足够数量的灭火器等消防设备。

②防水材料及辅料堆放不能过高,以免最底部的包装罐受压破裂造成外溢。

③防水施工工程中的废弃物(有毒、有害、不可回收)严禁随意丢弃,必须统一交到垃圾站进行处理。

子项 3.3　地下工程涂膜防水施工

3.3.1　导入案例

工程概况:某住宅地下室外墙防水采用水乳型再生橡胶沥青防水涂料 1.5 mm 厚二布五涂,防水面积为 400 m²。本工程施工图通过了图纸会审,已编制了详细的防水施工方案,现场条件满足防水涂料施工要求,机具、材料备齐,施工前向施工队进行了详细的技术交底,现场专业技术人员、质检员、安全员、防水工等准备就绪。

3.3.2　本子项教学目标

1)知识目标

了解防水卷材的品种和质量要求;熟悉地下卷材防水的细部构造;掌握地下卷材防水工程的施工工艺。

2)能力目标

能够确定地下卷材防水材料;能够编制地下卷材防水工程施工方案;能够进行地下卷材防水工程施工;能够进行地下卷材防水工程施工质量控制与验收;能够组织地下卷材防水安全施工;能够对进场材料进行质量检验。

3)品德素质目标

具有良好的政治素质和职业道德;具有良好的工作态度和责任心;具有良好的团队合作能力;具有组织、协调和沟通能力;具有较强的语言和书面表达能力;具有查找资料、获取信息的能力;具有开拓精神和创新意识。

3.3.3　地下工程涂膜防水构造

①防水涂料宜采用外防外涂或外防内涂,见图 3.22 和图 3.23。

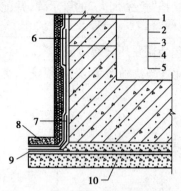

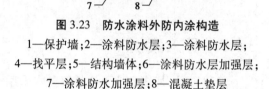

图 3.22　防水涂料外防外涂构造

1—保护墙;2—砂浆保护层;3—涂料防水层;
4—砂浆找平层;5—结构墙体;6—涂料防水层加强层;
7—涂料防水加强层;8—涂料防水层搭接部位保护层;
9—涂料防水层搭接部位;10—混凝土垫层

图 3.23　防水涂料外防内涂构造

1—保护墙;2—涂料防水层;3—涂料防水层;
4—找平层;5—结构墙体;6—涂料防水层加强层;
7—涂料防水加强层;8—混凝土垫层

②采用有机防水涂料时,基层阴阳角应做成圆弧形,阴角直径宜大于 50 mm,阳角直径宜大于 10 mm。在底板转角部位应增加胎体增强材料,并应增涂防水涂料。

③掺外加剂、掺合料的水泥基防水涂料,其厚度不得小于 3.0 mm;水泥基渗透结晶型防水涂料的用量不应小于 1.5 kg/m²,且厚度不应小于 1.0 mm;有机防水涂料的厚度不得小于 1.2 mm。

④地下室涂膜防水的构造层次如图 3.24 至图 3.26 所示。

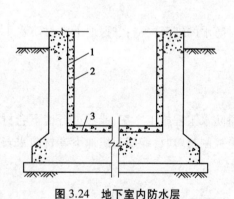

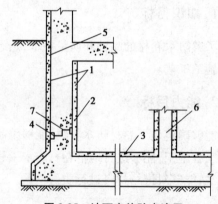

图 3.24　地下室内防水层

1—防水涂层;2—砂浆或饰面砖保护层;
3—细石混凝土保护层

图 3.25　地下室外防水涂层

1—防水涂层;2—砂浆保护层;3—细石混凝土保护层;
4—嵌缝材料;5—砂浆或砖墙保护层;6—内隔墙、柱;
7—施工缝

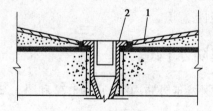

图 3.26　排水口防水处理

1—防水涂层;2—嵌缝材料

⑤涂膜防水层的甩槎、接槎构造见表3.12。

表 3.12 涂膜防水层的甩槎、接槎构造

项目	构 造
甩槎构造	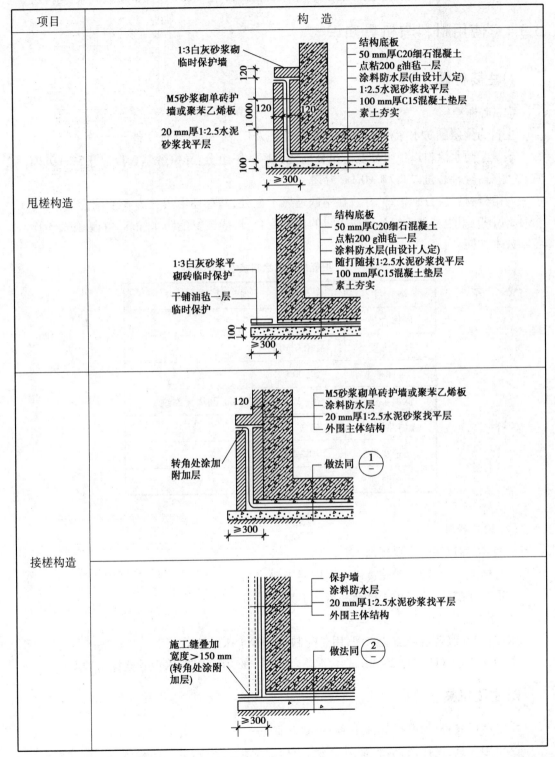
接槎构造	

⑥涂膜防水层可根据具体情况,选用聚苯乙烯泡沫塑料板保护墙或抹砂浆进行保护。采用水泥基防水涂料或水泥基渗透结晶型防水材料时,则可以不设保护墙或砂浆保护层。

3.3.4 使用材料与机具知识

1)主要材料

（1）主料

主料为聚氨酯防水涂料,应具有出厂合格证及厂家产品的认证文件。

聚氨酯防水涂料以甲组分及乙组分桶装出厂。甲组分:异氰酸基含量以 3.5%±0.2% 为宜;乙组分:羟基含量以 0.7%±0.1% 为宜。

两组分材料应分别保管,存放在室内通风干燥处,储存期甲组分为 6 个月,乙组分为 12 个月,使用时甲组分和乙组分料按 1∶1 的比例配合,形成聚氨酯防水涂料,并复验表 3.13 中各项技术性能。

表 3.13 聚氨酯防水涂料技术性能指标

项 目	指 标
固体含量	≥93%
抗拉强度	≥0.6 MPa
延伸率	≥300%
低温柔度	在 -20 ℃绕 ϕ20 mm 圆棒无裂纹
耐热度	80 ℃不流淌
不透水性	>0.2 MPa
干燥时间	1~6 h

（2）辅助材料

磷酸:凝固过快时作缓凝剂。

二月桂酸二丁基锡:凝固过慢时用作促凝剂。

二甲苯或醋酸乙酯:用于稀释和清洗工具。

707 胶:修补基层用。

水泥:32.5 级普通硅酸盐水泥,用于配制水泥砂浆抹保护层。

中砂:圆粒中砂,粒径 2~3 mm,含泥量不大于 3%,用于配制水泥砂浆抹防护层。

2)主要机具

①电动机具:电动搅拌器、高压吹风机。

②手用工具:搅拌桶、小铁桶、小平铲、小抹子塑料或橡胶刮板、滚动刷、毛刷、弹簧秤、扫帚、消防器材等。

3.3.5　地下工程涂膜防水施工过程

1)施工计划

进行地下涂膜防水施工前,先要编制施工组织设计文件。

①制订施工方案,主要包括:工程概况,质量工作目标(质量目标、质量预控标准、工序质量检查),防水材料的选用及要求(防水材料选用、防水材料质量要求、防水材料的保管和运输),施工准备(人员准备、施工机具准备、材料准备、技术准备),施工要点(工艺流程、施工工艺),季节施工措施,成品保护,安全文明施工保证措施,质量验收,施工注意事项。

②进行施工机具及材料准备,详见本项目 3.3.4。

③分组实施:根据编制的施工方案,分小组进行施工操作。施工前应进行技术交底,包括:施工的部位、施工顺序、施工工艺、构造层次、节点设防方法、增强部位及做法、工程质量标准、保证质量的技术措施、成品的保护措施和安全注意事项。

④质量验收。质量标准及检查验收方法详见本项目 3.3.6。

2)施工现场准备

①基层的清理、修补工作应符合要求,其中基层的干燥程度应视涂料产品的特性而定。溶剂型涂料基层必须干燥,水乳型涂料基层的干燥程度可适当放宽。

②采用双组分或多组分涂料时,配料应根据涂料生产厂家提供的配合比现场配制,严禁任意改变配合比。配料时要求剂量准确(过秤),主剂和固化剂的混合偏差不得大于 5%。涂料的搅拌配料为先放入搅拌容器内,然后放入固化剂,并立即开始搅拌。搅拌筒应选用圆的铁桶,以便搅拌均匀。采用人工搅拌时,要注意将材料上下、前后、左右及各个角落都充分搅匀,搅拌时间一般为 3~5 min。掺入固化剂的材料应在规定时间内使用完毕。搅拌的混合料以颜色均匀一致为标准。

③涂膜防水施工前,必须根据设计要求的涂膜厚度及涂料的固含量确定(计算)每平方米涂料用量、每道涂刷的用量以及需要涂刷的遍数。要求逐一布涂,即先涂底层,铺加胎体增强材料,再涂面层。施工时就要按试验用量,每道涂层分几遍涂刷,而且面层最少应涂刷两遍以上。合成高分子涂料还要保证涂层达到 1 mm 厚才可铺设胎体增强材料,以有效、准确地控制涂膜厚度,从而保证施工质量。确保涂膜防水层的厚度是地下防水工程的一个重要问题,无论采用何种防水涂料,都应采取"分次薄涂"的操作工艺,并应注意质量检查。每道涂层必须实干后,方可涂刷后续涂层。防水厚度可用每平方米的材料用量控制,并辅以针刺法检查。

④涂刷防水涂料前必须根据其表干和实干时间,确定每遍涂刷的涂料用量及间隔时间。

3)材料与机具准备

材料与机具准备详见本项目 3.3.4。

4)聚氨酯涂膜防水的施工要点

无机防水涂料宜用于结构主体的背水面,有机防水涂料宜用于地下工程主体结构的迎水面。用于背水面的有机防水涂料应具有较高的抗渗性,且与基层有较好的黏结性。

(1)作业条件

①防水层应按设计要求采用1:(2.5~3)的水泥砂浆找平层,其表面要抹平压光,不允许有凸凹不平、松动和起砂掉灰等缺陷存在。阴阳角部位应做成半径约为10 mm的小圆角,以便涂料施工。

②所有穿墙管线必须安装牢固,接缝严密,收头圆滑,不得有任何松动现象。

③施工时,防水基层应基本呈干燥状态,含水率以小于9%为宜。其简单测定方法是将面积约1 m²、厚度为1.5~2 mm的橡胶板覆盖在基层面上,放置2~3 h,如覆盖的基层表面无水印,紧贴基层一侧的橡胶板又无凝结水印,根据经验可以判定其满足施工要求。

④施工前,先以铲刀和扫帚将基层表面的突起物、砂浆疙瘩等异物铲除,并将尘土杂物彻底清除干净。对阴阳角、管道根部等部位更应认真清理,如发现有油污、铁锈等,要用钢丝刷、砂纸和有机溶剂等将其彻底清除干净。

⑤涂料防水层严禁在雨天、雾天、五级及以上大风时施工,不得在施工环境温度低于5 ℃及高于35 ℃或烈日暴晒时施工。涂膜固化前如有降雨可能,应及时做好已完涂层的保护工作。

(2)施工流程

施工工艺流程为:基层清理→涂刷底胶→涂膜防水层施工→做保护层。

(3)施工要点

①清扫基层。把基层表面的尘土和杂物认真清扫干净。

②涂刷基层处理剂。此工序相当于沥青防水施工冷刷冷底子油,其目的是隔断基层潮气,防止防水涂膜起鼓脱落;加固基层,提高基层与涂膜层的黏结强度,防止涂层出现针眼和气孔等缺陷。

a.聚氨酯底胶的配制。将聚氨酯甲料与专供底涂用的乙料按1:(3~4)(质量比)的比例配合,搅拌均匀后即可使用。

b.涂布施工。小面积的涂布可用油漆刷进行;大面积的涂布,可先用油漆刷蘸底胶在阴阳角、管子根部等复杂部位均匀涂布一遍,再用长把滚刷进行大面积涂布施工。涂胶要均匀,不得过厚或过薄,更不允许露白见底,一般涂布量以0.15~0.2 kg/m²为宜。底胶涂布后要干燥固化12 h以上,才能进行下道工序施工。

③涂膜防水层的施工。

a.涂膜材料的配制。聚氨酯涂膜防水材料应随用随配,配制好的混合料宜在1 h内用完。配制方法是将聚氨酯甲、乙组分和二甲苯按1:1.5:(0~0.1)的比例配合,倒入搅拌桶中,用转速为100~500 r/min的电动搅拌器搅拌5 min左右即可使用。

b.涂抹防水层的操作工艺。涂抹防水层的操作关键在于科学的甩槎构造,它是实现建筑物与防水层同步位移,避免建筑下沉拉坏防水层的有效措施。

在正式涂刷聚氨酯涂膜之前,先在立墙与平面交界处用密纹玻璃网布或聚酯纤维无纺布做附加过渡处理。附加层施工,应先将密纹玻璃网布或聚酯纤维无纺布用聚氨酯涂膜粘铺在拐角平面(宽300~500 mm),平面部位必须用聚氨酯涂膜与垫层混凝土基层紧密粘牢,然后由上而下铺贴玻璃网布或聚酯纤维无纺布,并使网布紧贴阴角,避免吊空。在永久性保护墙上,不刷底油,也不涂刷聚氨酯涂膜,仅将网布空铺或点粘密贴永久墙身;在临时保护墙上,需用聚氨酯涂膜粘铺密纹玻璃网布或聚酯纤维无纺布,并将它固定在临时保护墙上,随后施工大面涂膜防水层。

垫层混凝土平面与模板墙立面聚氨酯涂膜的防水操作要求如下:用长把滚刷蘸取配制好的混合料,依顺序均匀地涂刷在基层处理剂已干燥的基层表面上,涂刷时要求厚薄均匀一致,对平面基层以涂刷3~4遍为宜,每遍涂刷量为0.6~0.8 kg/m²;对立面模板墙基层以涂刷4~5遍为宜,每遍涂刷量为0.5~0.6 kg/m²,防水涂膜的总厚度不宜大于2 mm。

涂完第一遍涂膜后一般需固化12 h以上,直至指触基本不黏时,再按上述方法涂刷第二遍至第五遍涂膜。对平面的涂刷方向,后一遍应与前一遍的涂刷方向垂直。凡遇到底板与立墙相连接的阴角,均应铺设密纹玻璃网布或聚酯纤维无纺布进行附加增强处理。

c.平面部位铺贴油毡保护隔离层。当平面部位最后一遍涂膜完全固化,经检查验收合格后,即可虚铺一层纸胎石油沥青油毡作保护隔离层。铺设时可用少许聚氨酯混合料或氯丁橡胶胶黏剂点粘固定。

d.浇筑细石混凝土。在油毡保护隔离层上直接浇筑50~70 mm厚的细石混凝土作为刚性保护层,砖衬模板墙立面抹防水砂浆保护层。施工时,必须防止机具或材料损伤油毡层和涂膜防水层,如有损伤现象,必须用聚氨酯混合料修复后,方可继续浇筑细石混凝土,以免留下渗漏水的隐患。

e.立墙结构拆膜后即可涂刷界面处理剂,并抹砂浆找平层,经养护符合涂膜防水层施工条件后,方可进行下道工序施工。

f.接槎和立墙涂膜防水施工。清理工作面,拆除临时保护墙;清除白灰砂浆层,使槎头显现出来;边墙混凝土施工缝防水处理;清理混凝土凸块、浮浆等杂物,以高标号防水砂浆或聚合物砂浆局部找平施工缝(上、下各10~15 cm范围),然后涂刷聚合物水泥砂浆(简称弹性水泥)三道,厚约1.5 mm;边墙施工缝处理好后即可按正常墙体防水施工法的有关规定进行操作,操作工艺与平面基层相同。

g.立面粘贴聚乙烯泡沫塑料保护层。在立墙涂刷的第四遍涂膜完全固化,经检查验收合格后,再均匀涂刷第五遍涂膜,在该涂膜固化前,应立即粘贴6 mm厚的聚乙烯泡沫塑料片材作软保护层。粘贴时要求泡沫塑料片材拼缝严密,以防回填土时损伤防水涂膜。

h.回填灰土。完成保护层的施工后,即可按照设计要求或者规范要求,分步回填三七或二八灰土,并应分步夯实。

(4)施工注意事项

①当涂料黏度过大,不便进行涂刷施工时,可加入少量二甲苯进行稀释,以降低黏度,但加入量不得大于乙料的10%。

②当甲、乙料混合后固化过快,影响施工时,可加入少许磷酸苯磺酰氯作缓凝剂,但加入量不得大于甲料的0.5%。

③当涂膜固化太慢,影响到下一道工序时,可加入少许二月桂酸二丁基锡作促凝剂,但加入量不得大于甲料的0.3%。

④如刮涂第一遍涂层24 h后仍有发黏现象时,可在第二遍涂层施工前,先涂上一层滑

石粉,再上人施工,可避免粘脚现象,且对施工质量无影响。

⑤如涂料黏接在金属工具上固化,清洗困难时,可到指定的安全地点点火焚烧,将其清除。

⑥如发现乙料有沉淀现象,应搅拌均匀后再使用,以免影响质量。

⑦涂层施工完毕、尚未达到完全固化时,不允许上人踩踏,否则将损坏防水层,影响防水工程的质量。

⑧甲、乙两种材料均为铁桶包装,甲料净重 24 kg,乙料净重 16 kg,易燃、有毒,因此储存时应密封,应放在阴凉、干燥、无强日光直晒的场地。

⑨施工时要使用有机溶剂,故应注意防火。施工人员应采取防护措施(戴手套、口罩、眼镜等),施工现场要求通风良好,以防发生溶剂中毒。

⑩施工温度宜在 0 ℃以上。

3.3.6 安全、质检与环保

1)施工安全技术

(1)防水涂料层的安全防护

有机防水涂料施工完后应及时做保护层,保护层应符合下列规定:

①底板、顶板应采用 20 mm 厚 1∶2.5 水泥砂浆层和 40~50 mm 厚的细石混凝土保护层,防水层与保护层之间宜设置隔离层。

②侧墙背水面保护层应采用 20 mm 厚 1∶2.5 水泥砂浆。

③侧墙迎水面保护层宜选用软质保护材料或 20 mm 厚 1∶2.5 水泥砂浆。

(2)安全施工措施

①涂料应达到环保要求,应选用符合环保要求的溶剂。另外,配料和施工现场应有安全及防火措施,涂料在储存、使用全过程应特别注意防火。所有施工人员都必须严格遵守操作要求。

②着重强调临边安全,防止抛物和滑坡。防水涂料严禁在雨天、雪天、雾天施工;五级风及其以上时不得施工。

③施工现场应通风良好,在通风差的地下室作业时,应有通风措施。高温天气施工,必须做好防暑降温措施。现场操作人员应戴防护物品,避免污染或损伤皮肤。操作人员每操作 1~2 h 应到室外休息 10~15 min。

④清扫及砂浆拌和过程要避免灰尘飞扬,施工中生成的建筑垃圾要及时清理、清运。

⑤预计涂膜固化前有雨时不得施工,施工中遇雨应采取遮盖保护措施。

⑥溶剂型高聚物改性沥青防水涂料和合成高分子防水涂料的施工环境温度宜为 5~35 ℃;水乳型防水涂料的施工温度必须符合规范规定要求,施工环境温度宜为 5~35 ℃,严冬季节施工气温不得低于 5 ℃。

2)施工质量标准与检查评价

(1)主控项目

①涂料防水层所用材料及配合比必须符合设计要求。检验方法:检查出厂合格证、质量检验报告、计量措施和现场抽样试验报告。

②涂料防水层的平均厚度应符合设计要求,最小厚度不得小于设计厚度的90%。检验方法:用针测法检查。

③涂料防水层及其转角处、变形缝、穿墙管道等细部做法必须符合设计要求。检验方法:观察检查和检查隐蔽工程验收记录。

(2)一般项目

①涂料防水层应与基层黏结牢固,涂刷均匀,不得流淌、鼓泡、露槎。检验方法:观察检查。

②涂层间夹铺胎体增强材料时,应使防水涂料浸透胎体覆盖完全,不得有胎体外露现象。检验方法:观察检查。

③侧墙涂料防水层的保护层与防水层应结合紧密,保护层厚度应符合设计要求。检验方法:观察检查。

地下涂膜防水工程施工完毕后,先由施工班组自行按照地下涂膜防水施工质量验收规范进行质量检查和验收,然后各班组之间进行互检,并提交验收表格,最后由工程技术人员组织各班组进行验收。

3) 环保要求及措施

①涂料应达到环保环境要求,应选用符合环保要求的溶剂。

②清扫及砂浆拌和过程中要避免灰尘飞扬。

③施工时要采取措施避免涂料污染非施工区域。

④施工垃圾应放置在指定的地点。

实训课题 地下室自粘防水卷材施工

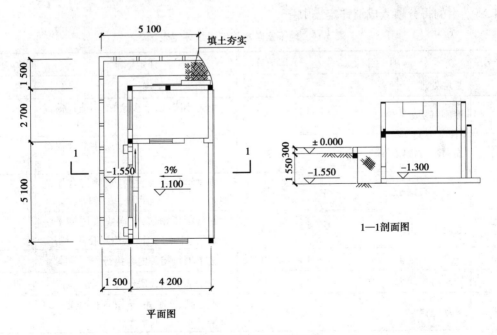

平面图

图 3.27 地下室平、剖面图

1) 材料

材料主要有 SBS 改性沥青自粘防水卷材、金属压条、钉子、密封胶、基层处理剂等。

2) 工具

工具主要包括铁锹、扫帚、手锤、钢凿、抹布、滚刷、油漆刷、剪刀、卷尺、粉笔、压辊、灭火器等。

3) 实训内容

分小组完成图 3.27 所示的地下室防水卷材层施工。

4) 实训要求

①卷材 10 m^2,地下室平面大面积铺贴 SBS 改性沥青自粘防水卷材施工,用压辊滚压密实。

②卷材 10 m^2,地下室立面大面积铺贴 SBS 改性沥青自粘防水卷材施工,用压辊滚压密实。

③地下室立面防水卷材上端收头用钉子将金属压条固定,再用密封胶密封密实。

5) 考核与评价

地下室自粘防水卷材施工实训项目成绩评定采用自评、互评和教师评价三结合的方法。对地下防水工程作品进行质检、评价、确定成绩,学生成绩评定项目、分数、评定标准见表 3.14,将学生的得分填入成绩评定表中。

表 3.14　地下室防水施工成绩评定表

序号	项　目	满分	评定标准	得分
1	基层处理	5	表面干净、干燥	
2	涂刷基层处理剂	5	均匀不露底,一次涂好,不能过薄或过厚	
3	立面卷材铺贴	25	卷材滚压密实,搭接尺寸符合规范要求	
4	平面卷材铺贴	25	卷材滚压密实,搭接尺寸符合规范要求	
5	卷材上端密封	15	卷材滚压密实,上端收头用钉子将金属压条固定要牢固,密封胶密封密实	
6	安全文明施工	10	按本项目相关内容执行	
7	团队协作能力	7	小组成员配合操作	
8	劳动纪律	8	不迟到、不旷课、不做与实训无关的事情	

项目小结

　　本项目包括地下工程防水混凝土施工、地下工程卷材防水施工、地下工程涂膜防水施工3个子项目,具体介绍了地下工程防水细部构造、使用材料与施工机具等基本知识,重点讲解了地下工程防水层施工过程(包含施工计划、施工准备、施工工艺、安全管理、质量检查验收及环保要求)。通过本项目的学习,使学生具有对进场材料进行质量检验的能力,具有编制地下防水工程施工方案的能力,具有组织地下防水工程施工的能力,能够按照国家现行规范对地下防水工程进行施工质量控制与验收,能够组织安全施工。通过分小组完成实训任务,可以培养学生的责任心、团队协作能力、开拓精神和创新意识等,增强其政治素质,提升其职业道德。

项目 4
外墙防水工程施工

项目导读

- **基本要求** 通过本项目的学习,熟悉外墙防水工程的细部构造、防水材料的选用,能够对进场的防水材料进行检验,能够编制外墙防水工程防水施工方案,能够组织外墙防水工程施工、进行外墙防水工程的施工质量控制和验收,并能够组织安全施工。
- **重点** 外墙防水工程的施工质量控制;外墙防水工程的质量验收。
- **难点** 外墙防水工程的施工质量控制。

随着建筑形式和外墙形式的多样化、新型墙体材料的运用和外墙外保温要求的实施,外墙渗漏水问题却日趋严重,不仅影响了建筑物的正常使用,同时也对结构安全造成了一定的影响。外墙防水是保证建筑物的结构不受水的侵袭、内部空间不受水的危害的一项防水分部工程。外墙防水工程的任务就是选择符合质量标准的防水材料,进行科学、合理、经济的设计,精心组织技术力量进行施工,完善维修、保养管理制度,以满足建筑物的防水耐用年限和使用功能。

通常墙面无承水压力,即使在台风作用下,防水层也不会直接承受较强的压力水,而且此过程作用时间相对较短,所以外墙防水层最小厚度要求比屋面和地下防水工程要薄一点,其最小厚度要求见表4.1。

表 4.1 防水层最小厚度   单位:mm

墙体基层种类	饰面层种类	聚合物水泥防水砂浆		普通防水砂浆	防水涂料
		干粉类	乳液类		
现浇混凝土	涂料、幕墙	3	5	8	1.0
	面砖				—
砌体	涂料、幕墙	5	8	10	1.2
	面砖				—

子项 4.1 外墙墙身防水施工

4.1.1 导入案例

工程概况:某小区 3 号楼砖混结构住宅,总高度为 21.6 m,半地下室,地上 6 层,标准层高为 2.8 m。外墙-0.7 m 标高以下采用 240 mm 厚混凝土墙体,其余外墙为 240 mm 厚 KP1 多孔砖,防水面积 4 320 m²。外墙做法:20 mm 厚 1:3 水泥砂浆(砖、混凝土墙)找平,8 mm 厚聚合物水泥防水砂浆防水层,10 mm 厚 1:1(质量比)水泥专用胶黏剂刮于板背面,60 mm 厚挤塑聚苯板加压粘牢,板面打磨成细麻面,1.5 mm 厚聚合物抹面胶浆粘贴加强型耐碱玻璃纤维网布于加强的部位,3~5 mm 厚聚合物抹面胶浆粘贴耐碱玻璃纤维网布满贴,并用抹刀将耐碱玻璃纤维网布压入抹面胶浆中,基层整体平整,不漏网纹及抹刀痕,喷涂一底二涂高弹丙烯酸涂料。外立面施工图见图 4.1。

本工程外墙-0.7 m 标高以下 240 mm 厚混凝土墙体施工完毕,施工现场满足墙体施工要求;砌体材料主要有多孔砖、水泥、中砂、掺合料、水及其他材料等;机具及现场专业技术人员、质检员、安全员、技工、普工等准备就绪。

4.1.2 本项目教学目标

1)知识目标

了解砌筑的基本常识;掌握砖砌体的构造要求;掌握砖砌体的施工工艺。

2)能力目标

能够对进场材料进行质量检验;能结合工程概况确定砖砌体的施工方案;能对砖砌体施工进行质量、安全等控制;能够根据建筑工程施工质量验收规范进行质量验收。

3)品德素质目标

具有良好的政治素质和职业道德;具有良好的工作态度和责任心;具有良好的团队合作

能力;具有组织、协调和沟通能力;具有较强的语言和书面表达能力;具有查找资料、获取信息的能力;具有开拓精神和创新意识。

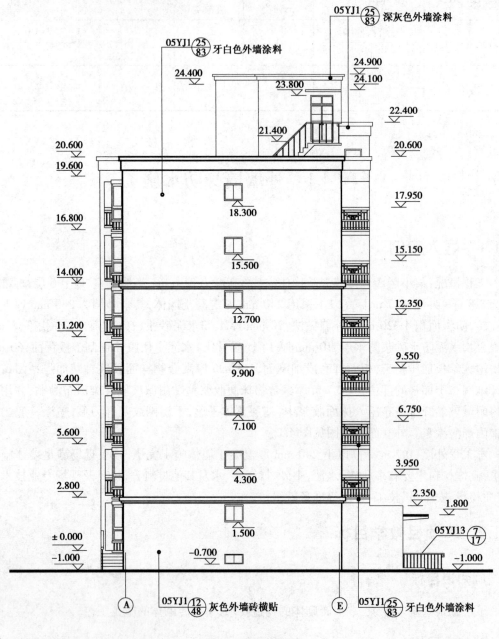

图 4.1 东立面图

4.1.3 外墙墙身防水构造及施工要点

1)外墙整体防水层

外墙整体防水层应设置在迎水面,通常设置在结构墙体的找平层上,其饰面层或保温层设置在防水层上面。采用这种构造防水设计时,防水材料宜选用聚合物水泥防水砂浆或普通防水砂浆,见图4.2。

《建筑外墙防水防护技术规程》(JGJ/T 235—2011)规定,建筑外墙的防水防护层应设置在迎水面。不同结构材料的交接处,应采用每边不小于150 mm的耐碱玻璃纤维网格布或经防腐处理的金属网片做抗裂增强处理。外墙各构造层次之间应黏结牢固,并宜进行界面处理。界面处理材料的种类和做法应根据构造层次材料确定。建筑外墙防水防护材料应根据工程所在的地区的环境以及施工时的气候、气象条件选取。建筑外墙外保温的相应做法要求按《外墙外保温工程技术规程》(JGJ 144)规定执行。

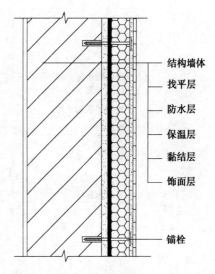

结构墙体
找平层
防水层
保温层
黏结层
饰面层

锚栓

图 4.2　外墙整体防水层

砂浆防水层宜留分格缝,分格缝宜设置在墙体结构不同材料交接处。水平分格缝宜与窗口上沿或下沿平齐;垂直分格缝间距不宜大于6 m,且宜与门、窗框两边线对齐。分格缝宽宜为8~10 mm,缝内应采用密封材料做密封处理。

外墙防水层施工前,宜先做好节点处理,再进行大面积施工。

砂浆防水层施工应符合下列规定:

①基层表面应为平整的毛面,光滑表面应进行界面处理,并应按要求湿润。

②配置好的防水砂浆宜在1 h内用完,施工中不得加水。

③砂浆防水层未达到硬化状态时,不得浇水养护或直接受雨水冲刷。聚合物水泥防水砂浆硬化后应采用干湿交替的养护方法;普通防水砂浆防水层应在终凝后进行保湿养护。养护期间不得受冻。

外墙找平用的砂浆要有足够的强度,对于抹灰较厚的地方,还应加挂钢丝网分层抹灰。

2)门窗洞口

门窗洞口节点构造采用节点密封和导水排水措施。门窗框与墙体间的缝隙宜采用聚合物水泥防水砂浆或发泡聚氨酯填充;外墙防水层应延伸至门窗框,防水层与门窗框间应预留凹槽,并应嵌填密封材料;门窗上楣的外口应做滴水线;外窗台应设置不小于5%的外排水坡度,见图4.3。

因为窗下框难以填塞密实,所以安装窗框前应用掺有膨胀剂的防水砂浆填塞窗下框凹槽,且预留一定的空隙不填满,待防水砂浆达到一定的强度后再安装窗框。安装门窗时,门窗框与墙留20~25 mm空隙,待框洞口四周清理干净后用聚合物水泥防水砂浆、发泡聚氨酯或发泡聚乙烯圆棒(直径为缝宽的1.5倍)填充密实,嵌填耐候密封胶,然后在外侧涂刷防水胶两道。窗台抹灰内高外低,外墙窗楣做流水坡度,下面做滴水槽或鹰嘴,滴水槽的宽度和深度均不小于10 mm。所有接缝、螺丝都要涂玻璃胶,封闭一切可能导致渗漏的缝隙。外保温系统面层砂浆的施工中必须在窗角部位用耐碱玻纤网格布进行加强处理,防止窗角出现斜向裂缝,见图4.4。

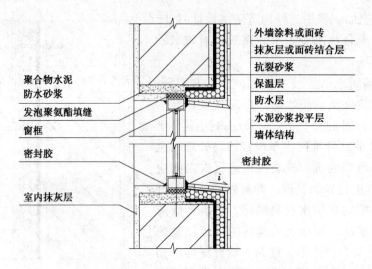

图 4.3 门窗洞口的做法

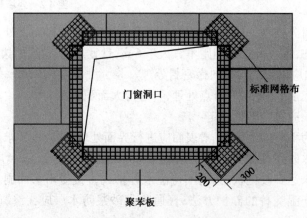

图 4.4 门窗洞口玻纤网格布的加强处理

3) 穿墙管道

穿过外墙的管道宜采用套管,套管应内高外低,坡度不应小于5%,套管周边应做防水密封处理,见图4.5。

施工时,先在套管外壁上套上直径略小的止水圈,然后在管外壁满涂一遍PVC专用胶水,再滚上一层中砂,待砖墙砌至管下口50 mm处时,铺50 mm厚防水砂浆,安装套管,并确保套管四周均有50 mm厚的防水砂浆包裹。

4) 变形缝

变形缝部位应增设合成高分子防水卷材附加层,卷材两端应满粘于墙体,满粘的宽度不应小于150 mm,并应钉压固定;卷材收头应用密封材料密封,见图4.6。

变形缝施工要点如下:

①清理基层:将缝中的砂浆、砌块等杂物清理干净,凿平缝两侧的墙面,在变形缝壁墙面涂刷基层处理剂。

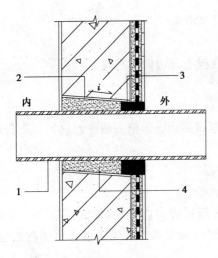

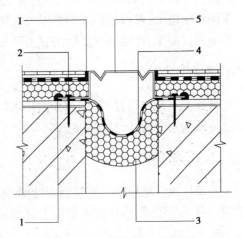

图 4.5　穿墙管道防水防护构造　　　图 4.6　变形缝防水防护构造

　　1—穿墙管道；2—套管；　　　　　1—密封材料；2—锚栓；3—保温衬垫材料；

　　3—密封材料；4—聚合物砂浆　　　4—合成高分子防水卷材(两端黏结)；5—不锈钢板

②填充料施工：待基层处理剂干燥后，在缝内填塞弹性密封背衬材料，如聚乙烯泡沫塑料等。

③找平层施工：外墙侧面抹水泥砂浆找平层。

④粘贴防水卷材：在变形缝口粘贴防水卷材一道，卷材宽度超过每边挡水板 100 mm。

⑤保温层施工：确认防水卷材粘贴牢固后方可按设计要求施工外保温层。

⑥安装定型成品挡水板：安装定型成品挡水板，挡水板必须固定在墙体上，挡水板材质可以选用不锈钢、铝合金、镀锌铁皮。

⑦密封胶施工：挡水板安装完成后，在射钉孔及挡水板周围嵌填密封胶。

⑧外墙饰面层施工：按外墙饰面层做法施工外墙饰面层。

5) 雨篷

雨篷应设置不小于 1% 的外排水坡度，外口下沿应做滴水线处理；雨篷与外墙交接处的防水层应连续；雨篷防水层应沿外口下翻至滴水部位，见图 4.7。

雨篷、阳台、外墙飘窗、外墙的腰线、女儿墙压顶等施工要点如下：

①钢筋混凝土结构板：与根部混凝土同时支模，一次性浇筑。

②水泥砂浆找坡层：阴角处抹成圆角，圆角半径大于 50 mm；砂浆最薄处应符合验收规范要求；向外找坡不小于 5%。

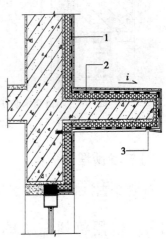

图 4.7　雨篷防水防护构造

1—外墙防水层；2—雨篷防水层；

3—滴水线

③防水层施工:卷材、涂膜防水层立面高度不小于 250 mm。

④保护层施工:保护层施工时要保持找坡坡度。

⑤饰面层施工:按照饰面层做法施工外饰面,并在檐下三边做滴水线。

6)阳台

阳台应向水落口设置不小于 1% 的排水坡度,水落口周边应留槽嵌填密封材料。阳台外口下沿应做滴水线设计,见图 4.8。

7)女儿墙压顶

女儿墙压顶宜采用现浇钢筋混凝土或金属压顶,压顶应向内找坡,坡度不应小于 2%。当采用混凝土压顶时,外墙防水层应上翻至压顶,内侧的滴水部位宜用防水砂浆做防水层,见图 4.9。

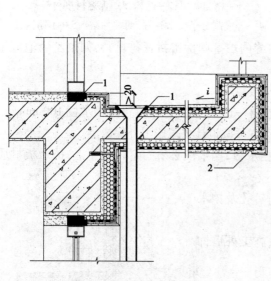

图 4.8　阳台防水防护构造
1—密封材料;2—滴水线

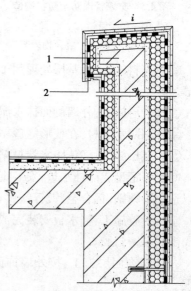

图 4.9　混凝土压顶女儿墙防水构造
1—混凝土压顶;2—防水砂浆

8)外墙预埋件

外墙预埋件四周应用密封材料封闭严密,密封材料与防水层应连续。

4.1.4　使用材料与机具知识

1)主要材料

①多孔砖:多孔砖品种、规格、外观质量、强度等级、抗风化性能符合现行国家标准《烧结多孔砖》(GB 13544)和设计要求,规格齐全配套,并有出厂合格证和试验报告单。

②水泥:具有出厂合格证明的普通硅酸盐水泥或矿渣硅酸盐水泥,强度等级为 32.5 级。

水泥进场使用前,已经分批对其强度、安定性进行了复验,复检合格。

③砂:用中砂,配制强度等级 M5 以下的砂浆用砂的含泥量不超过 10%, M5 及以上的砂浆用砂含泥量不超过 5%,并在使用前用 5 mm 孔径的筛子过筛。

④掺合料:用石灰膏、磨细生石灰粉、粉煤灰等,生石灰粉熟化时间不少于 7 d,磨细生石灰粉,熟化时间不得少于 2 d。

⑤水:使用饮用水或不含有害物质的洁净水。

⑥其他材料:外加剂、墙体拉结钢筋、预埋件等。

2)主要机具

主要机具有:搅拌砂浆机、卷扬机及井架、切割机、磅秤、翻斗车、吊斗、砖笼、手推车、胶皮管、筛子、铁锹、半截灰桶、小水桶、喷水壶、托线板、线坠、水平尺、小线、砖夹子、大铲、刨锛、皮数杆、钢卷尺、缝溜子、2 m 靠尺、笤帚等。

4.1.5 外墙墙身防水施工过程

1)施工计划

进行外墙墙身防水施工前,先要编制施工组织设计文件。

①制订施工方案,包括:施工准备(技术准备、材料要求、作业条件、砂浆的拌制及使用),施工组织及人员准备,施工工艺(多孔砖墙施工要点、构造柱施工),土建、安装配合[施工前的准备工作、预留洞(槽)砌筑施工],砌体工程质量验收标准,季节性施工,成品保护,安全环保措施。

②进行施工机具及材料准备,详见本项目 4.1.4。

③分组实施:根据编制的施工方案,分小组进行施工操作。施工前应进行技术交底,包括:施工的部位、施工顺序、施工工艺、构造层次、节点设防方法、增强部位及做法、工程质量标准、保证质量的技术措施、成品的保护措施和安全注意事项。

④质量验收。质量标准及检查验收方法详见本项目 4.1.6。

2)施工现场准备

①主体分部中的承重结构已施工完毕。

②砌筑部位的灰渣、杂物已清除干净,并浇水湿润。

③弹出轴线、墙边线、门窗洞口线,经复核后已办理预检手续。

④立皮数杆:在墙转角处、楼梯间及内外墙交接处,已立好皮数杆,并办好预检手续。

⑤根据最下面第一皮砖的标高,拉通线检查。如水平灰缝厚度超过 20 mm,用细石混凝土找平,不得用砂浆找平。

⑥常温天气下,在砌筑前一天将砖浇水湿润;冬期施工时,应清除表面冰霜。

⑦砂浆配合比经试验室确定,准备好砂浆试模。

⑧随砌随搭好的脚手架、垂直运输机具准备就绪。

3) 材料与机具准备

①浇水润砖:外干内湿,融水深度 15~20 mm 时含水率即满足要求。不得用干砖上墙。
②砂浆:检验砂浆强度及安定性,不同品种水泥不得混用。
③工具:砖刀、泥桶、线锤、拉线、墨斗、靠尺、皮数杆等。

4) 施工要点

外墙墙身防水施工工艺流程为:抄平放线、立皮数杆→基层表面清扫→确定组砌方法→排砖摆底、砂浆拌制→砌筑→质量验收。

①抄平放线:砌筑前,底层用水泥砂浆找平,再以龙门板定出墙身轴线、边线。立皮数杆:在皮数杆上画出每皮砖和砖缝厚度,以及门窗洞口、过梁、梁底、预埋件等标高位置。

②砌筑的基层表面杂物清扫:清除砌筑的基层表面的凸起物、浮尘、杂物等。

③确定组砌方法:砌体应上下错缝、内外搭砌,采用一顺一丁、梅花丁或三顺一丁砌筑形式。

④摆砖摆底:在放线的基面上按选取定的组砌方式用砖试摆。外墙第一层砖摆底时,两山墙排丁砖,前后檐纵墙排条砖。窗间墙、垛尺寸如不符合模数,可将门窗洞口的位置左右移动(≤60 mm)。如有"破活"时,七分头或丁砖应排在窗口中间、附墙垛或其他不明显部位。移动门窗口位置时,应注意不要影响暖卫立管安装和门窗的开启。排砖应考虑门窗洞口上边的砖墙合拢时不出现"破活"。后檐墙排第一皮砖时,要考虑甩窗口后砌条砖,窗角上必须是七分头,墙面单丁才是"好活"(清水墙排砖以整砖、半砖或七分头进行排列时俗称"好活",否则为"破活")。砂浆拌制:应通过试验确定配合比。砂浆应采用机械搅拌,搅拌时间自投料完算起应符合下列规定:水泥砂浆和水泥混合砂浆不得少于 2 min。水泥粉煤灰砂浆和掺有外加剂的砂浆不得少于 3 min。砂浆应随拌随用,水泥砂浆和水泥混合砂浆都应在拌成后 3 h 内使用完毕,当施工期间最高气温超过 30 ℃时,应在拌成后 2 h 内使用完毕。

⑤砌筑:分为"三一砌砖法"和铺灰挤砌法。"三一砌砖法"是指"一铲灰、一块砖、一挤揉",即满铺、满挤操作法。铺灰挤砌法是先铺灰浆,再用砖铺平,后向灰缝挤浆的方法。铺浆长度不得超过 750 mm,当施工气温超过 30 ℃时,铺浆长度不得超过 500 mm。

勾缝:勾缝是为了保护墙面并增加墙面美观,有平缝、斜缝、凹缝等。墙面勾缝应横平竖直,深浅一致,搭接平顺。清水砖墙勾缝应采用加浆勾缝,并宜采用细砂拌制的 1:1.5 水泥砂浆。当勾缝为凹缝时,凹缝深度宜为 4~5 mm。混水墙宜用原浆勾缝,但必须随砌随勾,使灰缝光滑密实,并清理落地灰。

盘角、挂线:"三皮一吊(垂直度)、五皮一靠(平整度)",单面、双面挂线。根据皮数杆先在墙角砌 4~5 皮砖,称为盘角。根据皮数杆和已砌的墙角挂准线,作为砌筑中间墙体的依据,每砌一皮或两皮,准线向上移动一次,以保证墙面平整。

砌砖:砌筑墙体时,多孔砖的孔洞应垂直于受压面,砖要放平跟线。砌体灰缝应横平竖直,薄厚均匀,水平灰缝厚度和竖向灰缝宽度宜为 10 mm,但不应小于 8 mm,也不应大于 12 mm。砌体灰缝砂浆应饱满,水平灰缝的砂浆饱满度不得低于 80%;竖向灰缝宜采用加浆填灌的方法,严禁用水冲浆灌缝。竖向灰缝不得出现透明缝、瞎缝和假缝。砌筑过程中,要认真进行自检,如发现有偏差超过允许范围,应随时纠正,严禁事后砸墙。管道、脚手架等的预留孔,均应在砌筑时按设计要求预留,不得事后剔凿。

留槎:外墙转角处应双向同时砌筑,内外墙交接处必须留斜槎,普通砌体斜槎水平投影长度不应小于高度的2/3,多孔砖砌体斜槎长高比不应小于1/2。留槎必须平直、通顺。

构造柱做法:设置构造柱的墙体,应先砌墙,后浇混凝土。砌砖时,与构造柱连接处应砌成马牙槎,每个马牙槎沿高度方向的尺寸不宜超过300 mm,马牙槎应先退后进,构造柱应有外露面。柱与墙拉结筋应按设计要求放置,设计无要求时,一般沿墙高500 mm,每120 mm厚墙设置1根φ6的水平拉结筋,每边深入墙内不应小于1 000 mm。

4.1.6 安全、质检与环保

1) 施工安全技术

①砌筑使用的脚手架未经安全验收严禁使用。脚手架上堆料量不得超出规定荷载。砌筑时不得站在多孔砖上进行作业,严禁抛掷物体。

②多孔砖在运输、装卸过程中,应轻码轻放,避免碰撞摔坏。砖的堆置高度不宜超过2 m。

③上下交叉作业时,必须采取防护措施。严禁在刚砌完的墙上行走。

④使用起重机吊砖笼往楼板上放砖时,应均匀分布,并对楼板适当支顶。严禁在脚手架上吊放砖笼。

⑤尚未安装楼板或屋面板的墙和柱,应采取临时支撑措施,以保证遇到五级以上大风时墙体的稳定性。

2) 施工质量标准与检查评价

(1) 主控项目

①砖和砂浆的强度等级必须符合设计要求。

抽检数量:每一生产厂家的砖到现场后,同种规格、同一强度的多孔砖以10万块为一验收批,抽检数量为1组。

检验方法:检查砖和砂浆试块试验报告。

②砌体水平灰缝的砂浆饱满度不得低于80%;砖柱水平和竖向灰缝的砂浆饱满度不得低于90%。

抽检数量:每检验批抽查不应少于5处。

检验方法:用百格网检查砖底面与砂浆的黏结痕迹面积。每处检测3块砖,取其平均值。

③砖砌体的转角处和交接处应同时砌筑,严禁无可靠措施的内外墙分砌施工。在抗震设防烈度为8度及以上地区,对不能同时砌筑而又必须留置的临时间断处应砌成斜槎,普通砌体斜槎水平投影长度不应小于高度的2/3,多孔砖砌体斜槎长高比不应小于1/2。

抽检数量:每检验批抽查不应少于5处。

检验方法:观察检查。

④非抗震设防及抗震设防烈度为6度、7度地区的临时间断处,当不能留斜槎时,除转角处外,可留直槎,但直槎必须做成凸槎,且应加设拉结钢筋,拉结钢筋应符合下列规定:

a.每120 mm墙厚放置1φ6拉结钢筋(120 mm厚墙应放置2φ6拉结钢筋)。

b.间距沿墙高不应超过500 mm,且竖向间距偏差不应超过100 mm。

c.埋入长度从留槎处算起每边均不应小于500 mm,对抗震设防烈度为6度、7度的地区,不应小于1 000 mm。

d.末端应有90°弯钩,见图4.10。

抽检数量:每检验批抽查不应少于5处。

检验方法:观察和尺量检查。

(2)一般项目

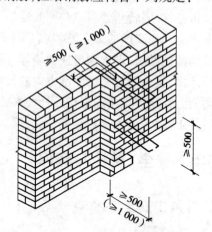

图4.10 直槎处拉结钢筋示意图

①砖砌体组砌方法应正确,内外搭砌,上、下错缝。清水墙、窗间墙无通缝,混水墙中不得有长度大于300 mm的通缝,长度200~300 mm的通缝每间不超过3处,且不得位于同一面墙体上。砖柱不得采用包心砌法。

抽检数量:每检验批抽查不应少于5处。

检验方法:观察检查。砌体组砌方法抽检每处为3~5 m。

②砖砌体灰缝应横平竖直、薄厚均匀,水平灰缝厚度及竖向灰缝宽度宜为10 mm,但不应小于8 mm,也不应大于12 mm。

抽检数量:每检验批抽查不应少于5处。

检验方法:水平灰缝厚度用尺量检查10皮砖砌体高度折算;竖向灰缝宽度用尺量2 m砌体长度折算。

③砖砌体尺寸、位置的允许偏差应符合表4.2的规定。

外墙墙身防水工程施工完毕后,先由施工班组自行按照外墙墙身施工质量验收规范进行质量检查和验收,然后各班组之间进行互检,并提交验收表格,最后由工程技术人员组织各班组进行验收。

3)环保要求及措施

①切割多孔砖七分头时应在切割棚内进行,棚内应有隔音、降尘措施。操作人员应佩戴相关的防护用品。

②作业环境中的碎料、落地灰应集中下运、集中堆放,做到"活完、料净、脚下清"。

③现场砂浆搅拌站应设置排水沟和废水沉淀池。搅拌站应封闭隔声、喷水降尘。

表 4.2 砖砌体尺寸、位置的允许偏差及检验

项次	项 目			允许偏差（mm）	检验方法	抽查数量
1	轴线位移			10	用经纬仪和尺或其他测量仪器检查	承重墙、柱全数检查
2	基础、墙、柱面顶面标高			±15	用水准仪和尺检查	不应少于 5 处
3	墙面垂直度	每层		5	用 2 m 托线板检查	不应少于 5 处
		全高	≤10 m	10	用经纬仪、吊线和尺或其他测量仪器检查	外墙全部阳角
			>10 m	20		
4	表面平整度	清水墙、柱		5	用 2 m 靠尺和楔形塞尺检查	不应少于 5 处
		混水墙、柱		8		
5	水平灰缝平整度	清水墙		7	拉 5 m 线和尺检查	不应少于 5 处
		混水墙		10		
6	门窗洞口高、宽（后塞口）			±10	用尺检查	不应少于 5 处
7	外墙上下窗口偏移			20	以底层窗口为准，用经纬仪或吊线检查	不应少于 5 处
8	清水墙游丁走缝			20	以每层第一皮砖为准，用吊线和尺检查	不应少于 5 处

子项 4.2 外墙饰面防水施工

4.2.1 导入案例

导入案例同本项目 4.1.1，子项 4.1 介绍了外墙墙身防水施工，子项 4.2 着重介绍外墙饰面防水施工。

4.2.2 本子项教学目标

1）知识目标

掌握外墙饰面层的构造；掌握外墙防水砂浆、涂膜施工质量和安全控制。

2）能力目标

能够对进场材料进行质量检验；能结合工程概况确定外墙防水砂浆、涂膜的施工方案；能进行外墙防水砂浆、涂膜的技术交底和安全交底；能对外墙防水砂浆、涂膜施工进行质量、安全等的控制；能够根据建筑工程施工质量验收规范进行质量验收。

3) 品德素质目标

具有良好的工作态度和责任心;具有良好的团队合作能力;具有组织、协调和沟通能力;具有较强的语言和书面表达能力;具有查找资料、获取信息的能力;具有创新能力。

4.2.3 外墙饰面构造

1) 外墙饰面层的规定

①防水砂浆饰面层应留置分格缝;分格缝间距宜根据建筑层高确定,但不应大于6 m;缝宽宜为8~10 mm。

②面砖饰面层宜留设宽度为5~8 mm的块材接缝,用聚合物水泥防水砂浆勾缝。

③防水饰面涂料应涂刷均匀。涂层厚度应根据具体的工程与材料确定,但不得小于1.5 mm。

2) 外保温外墙的防水防护层规定

①采用涂料饰面时,防水层可采用聚合物水泥防水砂浆或普通防水砂浆。保温层的抗裂砂浆层如达到聚合物水泥防水砂浆性能指标要求,可兼作防水防护层。防水防护层设在保温层和涂料饰面之间,见图4.11。乳液聚合物防水砂浆厚度不应小于5 mm,干粉聚合物防水砂浆厚度不应小于3 mm。

②采用块材饰面时,防水层宜采用聚合物水泥防水砂浆,见图4.12。保温层的抗裂砂浆层如达到聚合物水泥防水砂浆性能指标要求,可兼作防水防护层。

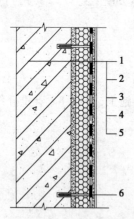

图4.11 涂料饰面外保温外墙防水防护构造图
1—结构墙体;2—找平层;3—保温层;
4—防水层;5—涂料层;6—锚栓

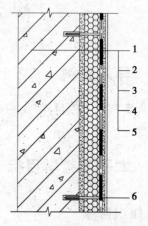

图4.12 砖饰面外保温外墙防水防护构造
1—结构墙体;2—找平层;3—保温层;4—防水层;
5—黏结层;6—饰面块材层;7—锚栓

③聚合物水泥防水砂浆防水层中应增设耐碱玻纤网格布或热镀锌钢丝网增强,并应用锚栓固定于结构墙体中。

④抗裂砂浆层兼作防水层的外墙防水防护构造见图4.13。

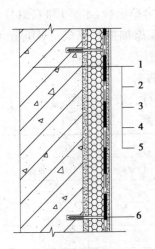

图4.13 抗裂砂浆层兼作防水层的
外墙防水防护构造
1—结构墙体;2—找平层;3—保温层;
4—防水抗裂层;5—装饰面层;6—锚栓

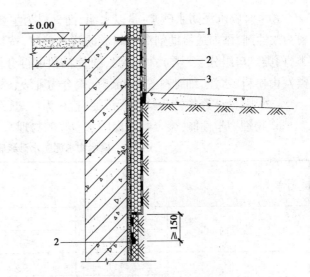

图4.14 上部结构与地下墙体交接部位防水防护构造
1—外墙防水层;2—密封材料;
3—室外地坪(散水)

3) 上部结构与地下墙体交接部位

防水层应与地下墙体防水层搭接,搭接长度不应小于150 mm,防水层收头应用密封材料封严,见图4.14。有保温的地下室外墙防水防护层应延伸至保温层的深度。

4.2.4 使用材料与机具知识

1) 主要材料

(1)外墙防水砂浆饰面层

①水泥:水泥品种应按设计要求选用,强度等级应不低于32.5,其性能指标符合国家标准规定;不得使用过期或受潮水泥;禁止将不同品种、不同强度等级及不同生产批次的水泥混用。

②砂:宜选用中砂,粒径在2.36 mm以下,含泥量不得大于1%,硫化物和硫酸盐含量不得大于1%。

③水:应不含有害物质。

④聚合物:外观无颗粒、异物和凝固物,技术性能符合国家或行业标准规定,且应按产品说明书正确使用。

⑤外加剂和掺合料:对水泥有促凝密实作用的外加剂(如防水剂、加气剂和膨胀剂等),可增强水泥砂浆和混凝土的憎水性和抗渗性。外加剂技术性能应符合国家或行业标准一等品以上规定,并应按产品说明书正确使用。

⑥找平层抹灰砂浆抗压强度不应低于M10,与墙体基层的剪切黏结力不宜小于1 MPa。

⑦防水砂浆抗渗等级不应低于P6,或耐风雨压力不小于60 kg/m²;抗压强度不应低于M20,与基层的剪切黏结力不宜小于1 MPa。

⑧聚合物水泥防水砂浆:是以水泥、细骨料为主要组分,以聚合物乳液或可再分散乳胶粉为改性剂,添加适量助剂混合制成的防水砂浆,按组分可分为单组分(S类)和双组分(D类)两类。单组分(S类):由水泥、细骨料和可再分散乳胶粉、添加剂等组成;双组分(D类):由粉料(水泥、细骨料等)和液料(聚合物乳液、添加剂等)组成。

a.外观:液体经搅拌后均匀无沉淀;粉料为均匀、无结块的粉末。

b.物理力学性能:聚合物水泥防水砂浆的物理力学性能应符合表4.3的要求。

表4.3 聚合物水泥防水砂浆物理力学性能

序号	项 目			技术指标	
				I 型	II 型
1	凝结时间[a]	初凝(min)	≥	45	
		终凝(h)	≤	24	
2	抗渗压力[b](MPa)	涂层试件 ≥	7 d	0.4	0.5
		砂浆试件 ≥	7 d	0.8	1.0
			28 d	1.5	1.5
3	抗压强度(MPa)		≥	18.0	24.0
4	抗折强度(MPa)		≥	6.0	8.0
5	柔韧性(横向变形能力,mm)		≥	1.0	
6	黏结强度(MPa≥)		7 d	0.8	1.0
			28 d	1.0	1.2
7	耐碱性			无开裂、剥落	
8	耐热性			无开裂、剥落	
9	抗冻性			无开裂、剥落	
10	收缩率(%)		≤	0.30	0.15
11	吸水率(%)		≤	6.0	4.0

注:a.凝结时间可根据用户需要及季节变化进行调整。

b.当产品使用的厚度不大于5 mm时测定涂层试件抗渗压力;当产品使用的厚度大于5 mm时测定砂浆试件抗渗压力;也可根据产品用途,选择测定涂层或砂浆试件的抗渗压力。

（2）外墙防水涂膜饰面层

防水涂料是指常温下呈黏稠状态,涂布在结构物表面,经溶剂或水分挥发或各组分间的化学反应,形成具有一定弹性的连续、坚韧的薄膜,使基层表面与水隔绝,起到防水和防潮作用的物质。常用防水涂料有聚氨酯防水涂料、石油沥青聚氨酯防水涂料、硅橡胶防水涂料和丙烯酸酯防水涂料等。

①涂料防水层所用的所有材料均应有产品合格证、性能检测报告,并符合国家或行业标准规定。

②防水涂料为多组分材料时,各组分应按配合比规定正确计量,每次配料量必须保证在规定时间内涂刷完毕。

2) 主要机具

(1) 外墙防水砂浆饰面层的施工机具

主要机具有:砂浆搅拌机、磅秤、台秤、手推车、卷扬机、井架、平锹、木刮板、木抹子、铁抹子和抹光机、水准仪、水平尺、小线等。

(2) 外墙防水涂膜饰面层的施工机具

主要机具有:电动搅拌机、搅拌桶、小型油漆桶、橡皮刮板、塑料刮板、磅秤、油漆刷、小沫子、油工铲刀、扫帚等。

4.2.5 外墙饰面施工过程

1) 施工计划

(1) 外墙防水砂浆饰面层

进行外墙防水砂浆饰面层施工前,先要编制施工组织设计文件。

①制订施工方案,包括:工程概况及特点,采用的技术标准和规范,施工准备(施工人员的组织、施工设备机具准备),施工工艺,质量保证措施,成品保护,季节性施工措施,质量通病及预防措施,施工安全技术保障措施,文明施工措施等。

②进行施工机具及材料准备,详见本项目4.2.4。

③分组实施:根据编制的施工方案,分小组进行施工操作。施工前应进行技术交底,包括:施工的部位、施工顺序、施工工艺、构造层次、节点设防方法、增强部位及做法、工程质量标准、保证质量的技术措施、成品的保护措施和安全注意事项。

(2) 外墙防水涂膜饰面层

①制订施工方案,包括:工程概况及特点,采用的技术标准和规范,施工准备(施工人员的组织、施工设备机具准备),施工工艺,质量保证措施,成品保护,季节性施工措施,质量通病及预防措施,施工安全技术保障措施,文明施工措施等。

②进行施工机具及材料准备,详见本项目4.2.4。

③分组实施:根据编制的施工方案,分小组进行施工操作。施工前应进行技术交底,包括:施工的部位、施工顺序、施工工艺、构造层次、节点设防方法、增强部位及做法、工程质量标准、保证质量的技术措施、成品的保护措施和安全注意事项。

2) 施工现场准备

(1) 外墙防水砂浆饰面层

①墙面应平整、光滑、不起砂、不起皮、有一定强度,排水坡度应符合设计要求,阴阳角应做成直径不小于30 mm的圆角或坡角。

②墙面应干燥,不能潮湿。

③基层的缺陷应先进行处理后方可继续施工。不平整、凹坑、积水时,应用水泥砂浆填平找坡。表面起皮应铲除,清扫表面浮灰、灰砂及沙砾疙瘩。

（2）外墙防水涂膜饰面层

①混凝土外墙找平层抹灰前,对混凝土外观质量详细检查。如有裂缝、蜂窝、孔洞等缺陷时,应视情节严重性先行补强、密封处理后方可抹灰。

②外墙凡穿过防水层的管道、预留孔、预埋件两端连接处,均应采用柔性密封处理,或用聚合物水泥砂浆封严。

③外墙变形缝必须进行防水处理。

3）材料与机具准备

（1）外墙防水砂浆饰面层

①材料准备。防水砂浆的配制应符合下列规定:

a.配比应按照设计要求进行。

b.配制乳液类聚合物水泥防水砂浆前,乳液应先搅拌均匀,再按规定比例加入拌合料中搅拌均匀。

c.干粉类聚合物水泥防水砂浆应按规定比例加水搅拌均匀。

d.粉状防水剂配制普通防水砂浆时,应先将规定比例的水泥、砂和粉状防水剂干拌均匀,再加水搅拌均匀。

e.液态防水剂配制普通防水砂浆时,应先将规定比例的水泥和砂干拌均匀,再加入用水稀释的液态防水剂搅拌均匀。

②机具准备。施工机具主要有:喷涂机或滚筒、高空专用电动吊篮、毛刷、工具刀、剪子、软尺、搅拌器具、金属桶或塑料桶、橡胶手套、清扫工具等。

（2）外墙防水涂膜饰面层

①双组分涂料配制前,应将液体组分搅拌均匀。配料应按照规定要求进行,不得任意改变配合比。

②应采用机械搅拌,配制好的涂料应色泽均匀,无粉团、沉淀。

4）施工要点

• 外墙防水砂浆饰面层

（1）一般规定

①外墙防水防护施工应符合设计要求,施工前应通过施工图会审,施工单位应编制施工方案或技术措施。

②外墙防水防护应由有相应资质的专业队伍进行施工。作业人员应持有有关主管部门颁发的上岗证。

③防水防护材料进场时应进行检验,经验收合格后方可使用。

④外墙防水防护施工应进行过程控制和质量检查;应建立各道工序自检、交接检和专职人员检查的制度,并应有完整的检查记录。每道工序完成并经检查验收合格后方可进行下道工序的施工。

⑤外墙门框、窗框应在防水层施工前安装完毕,并应验收合格;伸出外墙的管道、设备或预埋件也应在建筑外墙防水防护施工前安装完毕。

⑥外墙防水防护的基层应平整、坚实、牢固、干净,不得有酥松、起砂、起皮现象。

⑦面砖、块材的勾缝应连续、平直、密实、无裂缝、无空鼓。

⑧外墙防水防护完工后,应采取保护措施,不得损坏防水防护层。

⑨外墙防水防护严禁在雨天、雪天和五级风及以上时施工;施工的环境气温宜为 5 ~ 35 ℃。施工时应采取安全防护措施。

⑩配制好的防水砂浆宜在 1 h 内用完,施工中不得任意加水。

⑪界面处理材料涂刷应厚度均匀、覆盖完全。收水后应及时进行防水砂浆的施工。

⑫防水砂浆涂抹施工应符合下列规定:厚度大于 10 mm 时应分层施工,第二层应待前一层指触不粘时进行,各层应黏结牢固,每层宜连续施工;当需留槎时,应采用阶梯坡形槎,接槎部位离阴阳角不得小于 200 mm,上下层接槎应错开 300 mm 以上;接槎应依层次顺序操作、层层搭接紧密;喷涂施工时,喷枪的喷嘴应垂直于基面,应合理调整压力、喷嘴与基面距离;涂抹时应压实、抹平;遇气泡时应挑破,保证铺抹密实;抹平、压实应在初凝前完成。

⑬窗台、窗楣和凸出墙面的腰线等部位上表面的流水坡应找坡准确,外口下沿的滴水线应连续、顺直。

⑭砂浆防水层分格缝的留设位置和尺寸应符合设计要求。分格缝的密封处理应在防水砂浆达设计强度的 80% 后进行,密封前应将分格缝清理干净,密封材料应嵌填密实。

⑮砂浆防水层转角宜抹成圆弧形,圆弧半径应不小于 5 mm,转角抹压应顺直。

⑯门框、窗框、管道、预埋件等与防水层相接处应留 8 ~ 10 mm 宽的凹槽,按要求密封处理。

⑰砂浆防水层未达到硬化状态时,不得浇水养护或直接受雨水冲刷。聚合物水泥防水砂浆硬化后应采用干湿交替的养护方法;普通防水砂浆防水层应在终凝后进行保湿养护。养护时间不宜少于 14 d,养护期间不得受冻。

(2)施工工艺

①基层处理。要求彻底清除基面污物、灰尘和疏松层,基面应平整、结实、干净、粗糙,并应充分润湿,但无明水。

②材料配制。干粉类为单组分粉料,在容器中先按加 25% ~ 30% 的水(粉料质量的百分数),使用电动搅拌器边搅拌边徐徐加入粉料,充分搅拌均匀,然后静置 10 min,再搅拌一次,用水将稠度调节至合适即可使用。搅拌不得过度,以防过量引入空气,降低砂浆强度、密实度、黏结性能等。搅拌好的砂浆最好在 2 h 内用完,严禁将已凝固的砂浆二次搅拌再投入使用。

③刮抹施工。由于聚合物水泥防水砂浆具有优异的防水效果,仅一薄层即可奏效,通常采用薄层砂浆刮抹法:将搅拌好的砂浆分层刮抹到基面上,首层终凝 2 h 后(不粘手)即可刮抹第二层,依次共刮抹 2 ~ 3 层。应根据工程部位,选择相应厚度。将搅拌均匀后的砂浆根据基层平整度分两三次抹面,每层厚度 6 ~ 8 mm,最后一层找平、压实、压光。做好防水砂浆终凝后的养护工作,不少于 7 d。

④施工注意事项。尽量避免在烈日、负温或雨雪天施工。在雨天施工,需防止雨水冲坏防水层;夏季烈日下施工,需加强湿养护;冬季施工,需采取保温措施或掺加防冻剂。因涂层较薄,为防止长期践踏磨损防水层,需做保护砂浆层或其他保护措施。

● 外墙防水涂膜饰面层

(1)一般规定

①施工前应先对细部构造进行密封或增强处理。

②涂膜防水层的基层宜干燥;防水涂料涂布前,应先涂刷基层处理剂。

③涂膜宜多遍完成,后遍涂布应在前遍涂层干燥成膜后进行。挥发性涂料的每遍用量每平方米不宜大于 0.6 kg。

④每遍涂布应交替改变涂层的涂布方向,同一涂层涂布时,先后接槎宽度宜为 30~50 mm。

⑤涂膜防水层的甩槎应避免污损,接涂前应将甩槎表面清理干净,接槎宽度不应小于 100 mm。

⑥胎体增强材料应铺贴平整、排除气泡,不得有皱褶和胎体外露,胎体层应充分浸透防水涂料;胎体的搭接宽度不应小于 50 mm。胎体的底层和面层涂膜厚度均不应小于 0.5 mm。

⑦涂膜防水层完工并经验收合格后,应及时做好饰面层。饰面层施工时应有成品保护措施。

(2)施工工艺

①基层处理。施工前应将基层上的灰浆、浮灰及附着物等清理干净,并用腻子将基层上的凹坑、缝隙等补好找平,待基层彻底干燥后方可进行涂料喷刷。

②配置涂料。将多组分涂料按规定比例称量后盛于容器中,采用手提电动搅拌器充分搅拌均匀。

③试验确定喷刷防水涂料的遍数。选定 300 mm×300 mm 的平整基层,按施工顺序,喷刷第一遍涂料、第二遍涂料……直至涂膜达到设计厚度,以此确定涂料喷刷遍数。

④喷刷防水涂料。先从施工面的最下端开始,沿水平方向从左至右或从右至左运行喷刷工具,形成横向施工涂层,这样逐步喷刷至最上端,完成第一遍喷刷。在第一遍涂层干燥成膜后,紧接着进行垂直方向的第二遍喷刷,第二遍垂直方向的喷刷形成竖向涂层。按规定喷刷遍数喷刷涂料,使得涂膜达到设计厚度。

⑤验收。涂膜固化后,需持续淋水 2 h 或雨后进行试验,如有渗漏,必须进行返工修复至合格。

⑥保护层施工。防水涂膜验收合格后,按建筑设计要求施工保护层。

抹面层砂浆。刷完素水泥浆后,紧接着抹面层砂浆,抹灰厚度为 5~10 mm。抹灰操作应与第一层垂直,先用木抹子搓平,然后用铁抹子压实、压光。

养护。抹面层砂浆初凝后应及时喷水养护,养护时间不小于 5 d,且施工地点要洁净。

4.2.6 安全、质检与环保

1)施工安全技术

(1)外墙防水砂浆饰面层

①分格线、滴水槽、门窗框、槽盒上残存的砂浆应及时清理干净。

②作业时,应防止破坏已抹好的墙面,门窗洞口、边、角、垛宜采取保护性措施。其他工

程作业时不得污染或损坏墙面,严禁踩踏窗口。

③各构造层在凝结硬化前应防止水冲、撞击、振动。

④系统墙面完工后要妥善保护,不得磕碰、损坏。

⑤应遵守有关安全操作规程:

a.严格遵守各项安全管理制度和安全操作规程。

b.施工前必须对工人进行质量安全技术交底。

c.对脚手架进行全面的检查,尤其是脚手片必须满铺,确保检查合格后方可进行施工。

d.对一些连墙件等其他安全设施不得随意拆除。

⑥成品保护:

a.抹灰架子要离开墙面 15 cm。拆架子时不得碰坏口角及墙面。

b.落地灰要及时清理使用,做到活完脚下清。

(2)外墙防水涂膜饰面层

①涂料及固化剂、稀释剂等均为易燃品,应储存在干燥远离火源的地方,施工现场严禁烟火,应配备必要的消防器材。

②施工现场应通风排气,在通风条件差的地方作业时,施工作业人员每隔 1~2 h 到通风地点休息 10~15 min,施工过程中,操作人员如感到不适应马上离开施工现场,严重时到保健站做检查。

③施工时戴防护手套,避免(聚氨酯)涂料污染、损伤皮肤。

④施工的环境温度不得过低。

⑤操作时严禁烟火。

⑥成品保护:

a.在防水层施工中或防水层已完成而保护层未完成时,是成品保护的最关键时期。在此期间,禁止任何无关人员进入现场,严禁穿带铁钉、铁掌的鞋进入现场,以免扎伤防水层。防水施工人员、物料进入,必须遵守轻拿轻放的原则,严禁尖锐物体撞击扎伤涂膜防水层。

b.底板结构施工,钢筋应轻拿轻放,以免碰撞侧墙防水保护层。

c.及时修补。防水层施工完毕后,不能在防水层上开洞或钻孔安装机器设备。如不得已必须在防水层上开洞、钻孔的,应先做好记录,并安排修补。在施工过程中,如发现防水层遭到破损,应尽快组织维修。

d.在已完成面层的楼周围采取挂牌、拦挡等措施作为提醒,并委派专人进行看守。

2) 施工质量标准与检查评价

①建筑外墙防水防护工程的质量应符合下列规定:

a.防水层不得有渗漏现象。

b.使用的材料应符合设计要求。

c.找平层应平整、坚固,不得有空鼓、酥松、起砂、起皮现象。

d.门窗洞口、穿墙管、预埋件及收头等部位的防水构造,应符合设计要求。

e.砂浆防水层应坚固、平整,不得有空鼓、开裂、酥松、起砂、起皮现象。

f.涂膜防水层应无裂纹、皱褶、流淌、鼓泡和露胎体现象。

g.防水透气膜应铺设平整、固定牢固,不得有皱褶、翘边等现象。搭接宽度应符合要求,搭接缝和细部构造应密封严密。

h.外墙防护层应平整、固定牢固,构造符合设计要求。

②外墙防水层渗漏检查应在持续淋水 2 h 后或雨后进行。

③外墙防水防护使用的材料应有产品合格证和出厂检验报告,材料的品种、规格、性能等应符合国家现行有关标准和设计要求。对进场的防水防护材料应抽样复检,并提出抽样试验报告,不合格的材料不得在工程中使用。

④外墙防水防护工程应按装饰装修分部工程的子分部工程进行验收,外墙防水防护子分部工程各分项工程的划分应符合表 4.4 的要求。

表 4.4　外墙防水防护子分部工程各分项工程的划分

子分部工程	分项工程
建筑外墙防水防护工程	砂浆防水层
	涂膜防水层
	防水透气膜防水层

⑤建筑外墙防水防护工程各分项工程施工质量检验数量,应按外墙面面积,每 500 m² 抽查一处,每处 10 m²,且不得少于 3 处;不足 500 m² 时应按 500 m² 计算。节点构造应全部进行检查。

⑥砂浆防水层验收应检查以下项目:

● 主控项目

a.砂浆防水层的原材料、配合比及性能指标,必须符合设计要求。

检验方法:检查出厂合格证、质量检验报告、计量措施和抽样试验报告。

b.砂浆防水层不得有渗漏现象。

检验方法:持续淋水 30 min 后观察检查。

c.砂浆防水层与基层之间及防水层各层之间应结合牢固、无空鼓。

检验方法:观察和用小锤轻击检查。

d.砂浆防水层在门窗洞口、穿墙管、预埋件、分格缝及收头等部位的节点做法,应符合设计要求。

检验方法:观察检查和检查隐蔽工程验收记录。

● 一般项目

a.砂浆防水层表面应密实、平整,不得有裂纹、起砂、麻面等缺陷。

检验方法:观察检查。

b.砂浆防水层施工缝留槎位置应正确,接槎应按层次顺序操作,层层搭接紧密。

检验方法:观察检查。

c.砂浆防水层的平均厚度应符合设计要求,最小厚度不得小于设计值的 80%。

检验方法:观察和尺量检查。

⑦涂膜防水层验收应检查以下项目:

● 主控项目

a.防水层所用防水涂料及配套材料应符合设计要求。

检验方法:检查出厂合格证、质量检验报告和抽样试验报告。

b.涂膜防水层不得有渗漏现象。

检验方法:持续淋水 30 min 后观察检查。

c.涂膜防水层在门窗洞口、穿墙管、预埋件及收头等部位的节点做法,应符合设计要求。

检验方法:观察检查和检查隐蔽工程验收记录。

● 一般项目

a.涂膜防水层的平均厚度应符合设计要求,最小厚度不应小于设计厚度的80%。

检验方法:针测法或割取 20 mm×20 mm 实样用卡尺测量。

b.涂膜防水层应与基层黏结牢固,表面平整,涂刷均匀,无流淌、皱褶、鼓泡、露胎体和翘边等缺陷。

检验方法:观察检查。

⑧分项工程验收要求:

a.外墙防水防护工程质量验收的程序和组织,应符合现行国家标准《建筑工程施工质量验收统一标准》(GB 50300)的规定。

b.外墙防水防护工程验收的文件和记录应按表4.5的要求执行。

表 4.5　外墙防水防护工程验收的文件和记录

序号	项　目	文件和记录
1	防水设计	设计图纸及会审记录,设计变更通知单
2	施工方案	施工方法、技术措施、质量保证措施
3	技术交底记录	施工操作要求及注意事项
4	材料质量证明文件	出厂合格证、质量检验报告和抽样试验报告
5	中间检查记录	检验批、分项工程质量验收记录、隐蔽工程验收记录、施工检验记录、雨后或淋水检验记录
6	施工日志	逐日施工情况
7	工程检验记录	抽样质量检验、现场检查
8	施工单位资质证明及施工人员上岗证件	资质证书及上岗证复印件
9	其他技术资料	事故处理报告、技术总结等

⑨建筑外墙防水防护工程隐蔽验收记录应包括下列内容:防水层的基层,密封防水处理部位,门窗洞口、穿墙管、预埋件及收头等细部做法。

⑩外墙防水防护工程验收后,应填写分项工程质量验收记录,交建设单位和施工单位存档。

⑪外墙防水防护材料现场抽样数量和复验项目应按表4.6要求执行。

表 4.6　防水材料现场抽样数量和复验项目

序号	材料名称	现场抽样数量	外观质量检验	物理性能检验
1	现场配制防水砂浆	每 10 m³ 为一批,不足 10 m³ 按一批抽样	均匀,无凝结团状	《规程》表 4.2.1 和 4.2.2
2	预拌防水砂浆、无机防水材料	每 10 t 为一批,不足 10 t 按一批抽样	包装完好无损,标明产品名称、规格、生产日期、生产厂家、产品有效期	《规程》表 4.2.1 和 4.2.2
3	防水涂料	每 5 t 为一批,不足 5 t 按一批抽样	包装完好无损,标明产品名称、规格、生产日期、生产厂家、产品有效期	《规程》表 4.2.3、4.2.4 和 4.2.5
4	耐碱玻璃纤维网格布	每 3 000 m² 为一批,不足 3 000 m² 按一批抽样	均匀,无团状,平整,无皱褶	耐碱断裂强力保留率、耐碱断裂强力保留值
5	防水透气膜	每 3 000 m² 为一批,不足 3 000 m² 按一批抽样	包装完好无损,标明产品名称、规格、生产日期、生产厂家、产品有效期	《规程》表 4.2.6
6	合成高分子密封材料	每 1 t 为一批,不足 1 t 按一批抽样	均匀膏状物,无结皮、凝胶或不易分散的固体团状	《规程》表 4.3.1、4.3.2、4.3.3 和 4.3.4

注:表中《规程》指《建筑外墙防水工程技术规程》(JGJ/T 235—2011)。

外墙饰面防水工程施工完毕后,先由施工班组自行按照外墙饰面施工质量验收规范进行质量检查和验收,然后各班组之间进行互检,并提交验收表格,最后由工程技术人员组织各班组进行验收。

3)环保要求及措施

①严格遵守国家及政府颁布的有关环境保护、文明施工及有关施工扰民、噪声控制的规定。

②现场中气体散发、地面排水及排污应符合法律、法规或规章规定的数值。

③在永久工程和临时工程中均不得使用任何对人体或环境有害的材料。

④对于施工区域的垃圾应及时清理,严禁乱扔垃圾、杂物,严禁在工地上燃烧垃圾。

⑤保护所有公众财产(包括现有道路、树木、公共设施等),免受防水施工引起的损坏。

⑥在运输材料或废料、机具过程中,禁止车辆运输泄漏遗撒,车辆进出现场禁止鸣笛。

⑦材料、构件、料具等堆放时,应悬挂有名称、品种、规格等标牌,认真做到"工完、料净、场清",并及时清理现场,保持施工工地整洁。

子项 4.3 墙体渗漏维修施工

4.3.1 砖砌墙体维修

1) 外墙面裂缝渗漏维修

①维修前应对墙面的粉刷装饰层进行检查、修补和清理。墙面粉刷装饰层起壳、剥落和酥松等部分应凿除重新修补,墙面修补、清理后应坚实、平整,无浮渣、积垢和油渍。

②小于 0.5 mm 的裂缝,可直接在外墙面喷涂无色或与墙面相似色的防水剂或合成高分子防水涂料两遍,其宽度应大于或等于 300 mm,涂膜厚度不应小于 2 mm。

③大于 0.5 mm 且小于 3 mm 的裂缝,应清除缝内浮灰、杂物,嵌填无色或与外墙面相似色密封材料后,喷涂两遍防水剂。

④大于 3 mm 的裂缝,宜做凿缝处理,缝内的浮渣和灰尘等杂物应清除干净,分层嵌填密封材料,将缝密封严实后,面上喷涂两遍防水剂。

2) 墙体变形缝渗漏维修

①原采用弹性材料嵌缝的变形缝,应清除缝内已失效的嵌缝材料及浮灰、杂物,缝壁干燥后设置背衬材料,分层嵌填密封材料。密封材料与缝壁应粘牢封严,如图 4.15 所示。

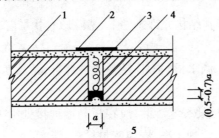

图 4.15 变形缝渗漏维修

1—砖砌体;2—室内盖缝板;3—填充材料;4—背衬材料;5—密封材料;a—缝宽

②原采用金属折板盖缝的变形缝,应更换已锈蚀损坏的金属折板,折板应顺水流方向搭接,搭接长度不应小于 40 mm。金属折板应做好防锈处理后锚固在砖墙上,螺钉眼宜用与金属折板颜色相近的密封材料嵌填、密封。

3) 分格缝渗漏维修

外粉刷分格缝渗漏维修,应清除缝内的浮灰、杂物,满涂基层处理剂,干燥后嵌填密封材料。密封材料与缝壁应粘牢封严,表面刮平。

4)穿墙管根部渗漏维修

穿墙管根部渗漏维修,应用 C20 细石混凝土或 1：2 水泥砂浆固定穿墙管的位置,穿墙管与外墙面交接处应设置背衬材料,分层嵌填密封,如图 4.16 所示。

5)门窗框与墙体连接处缝隙渗漏维修

门窗框与墙体连接处缝隙渗漏维修,应沿缝隙凿缝并用密封材料嵌缝,在窗框周围的外墙面上喷涂两遍防水剂,如图 4.17 所示。

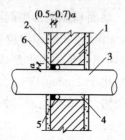

图 4.16　穿墙管道根部渗漏维修
1—砖墙;2—外墙面;3—穿墙管;
4—细石混凝土或水泥砂浆;
5—背衬材料;6—密封材料;a—缝宽

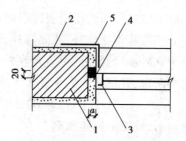

图 4.17　门窗框与墙体连接处缝隙渗漏维修
1—砖墙;2—外墙面;3—门窗框;
4—密封材料;5—防水剂;a—缝宽

6)阳台、雨篷根部墙体渗漏维修

①阳台、雨篷倒泛水,应在结构允许条件下,凿除原有找平层,用细石混凝土或水泥砂浆重做找平层,调整排水坡度。

②阳台、雨篷的滴水线(滴水槽)损坏,应重做或修补,其深度和宽度均不应小于 10 mm,并整齐一致。

③阳台、雨篷与墙面交接处裂缝渗漏,应在板与墙连接处沿上、下板面及侧立面的墙上剔凿成 20 mm×20 mm 沟槽,清理干净,嵌填密封材料,压实刮平。

7)女儿墙外侧墙面渗漏维修

对于女儿墙根部水平贯通的裂缝,应先在女儿墙与屋面连接阴角处剔凿出宽度为 20 ~ 40 mm、深度不应小于 30 mm 的阴角缝,清除缝内浮灰、杂物,按维修墙面裂缝要求进行。必要时也可拆除、重砌女儿墙,并恢复构造防水。

8)墙面大面积渗漏维修

①清水墙面灰缝渗漏,应剔除并清理渗漏部位的灰缝,剔除深度为 15 ~ 20 mm。浇水湿润后,用聚合物水泥砂浆勾缝,勾缝应密实,不留孔隙,接槎平整。渗漏部位外墙应喷涂无色或与墙面相似色防水剂两遍。

②当墙面(或饰面层)坚实完好,防水层起皮、脱落、粉化时,应清除墙面污垢、浮灰,用水

冲刷、干燥后,在损坏部位及其周围 150 mm 范围喷涂无色或与墙面相似色防水剂或防水涂料两遍。损坏面积较大时,可整片墙面喷涂防水涂料。

③面层风化、碱蚀、局部损坏时,应剔除风化、碱蚀、损坏部分及其周围 100~200 mm 的面层,清理干净,浇水湿润,刷基层处理剂,用 1∶2.5 聚合物水泥砂浆抹面两遍,粉刷层应平整、牢固。

4.3.2 混凝土墙体维修

混凝土墙体渗漏的维修应先查清墙体板缝、板面、节点的渗漏部位,分析其渗漏原因,制订修缮方案。

1)预制混凝土墙板结构墙体渗漏维修

①墙板接缝处的排水槽、滴水线、挡水台、排水坡等部位渗漏,应将损坏及周围酥松部分剔除,用钢丝刷清理,并冲水洗刷干净。基层干燥后,涂刷基层处理剂一道,用聚合物水泥砂浆补修粘牢。防水砂浆勾抹缝隙,新旧缝隙接头处应黏结牢固,横平竖直,厚薄均匀,不得有空、漏。

②墙板垂直、水平,十字缝空腔构造防水时,应将勾缝砂浆剔除、疏通、排除空腔内堵塞物,冲水洗刷清理干净。缝内移位的塑料条、油毡条应调整恢复至设计位置,损坏、老化部分应更换。板缝护面砂浆应分 2~3 次勾缝,用力适度,避免塑料条、砂浆挤入空腔内。十字缝的四方必须保持通畅,勾缝时,缝的下方应留出与空腔连通的排水孔。

③墙板垂直、水平、十字缝空腔构造防水改为密封材料防水时,应剔除原勾缝砂浆,清除空腔内填塞的塑料条、油毡条、砂浆、杂物,用钢丝刷冲水洗刷干净。缝隙处用 1∶(2~2.5)水泥砂浆填实找平,缝槽应平直,宽窄、深浅一致。对于双槽双腔构造缝,宜采用压送设备,灌注水泥砂浆嵌填找平并填背衬材料后,应用基层处理剂涂刷缝两侧,待干燥后分两次嵌入密封材料。嵌入深度为缝宽的 0.5~0.7 倍,操作方向宜由左至右,由下至上,接头呈斜槎,如图4.18 和图 4.19 所示。

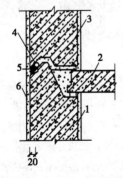

图 4.18 **墙板水平缝维修**
1—外墙板(上);2—楼板;3—外墙板(下);
4—背衬材料;5—密封材料;6—保护层

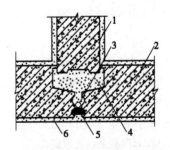

图 4.19 **墙板垂直缝维修**
1—内墙板;2—外墙板;3—背衬材料;
4—水泥砂浆;5—密封材料;6—保护层

封贴保护层应按外墙装饰要求镶嵌各类面砖或砂浆着色勾缝,保护层可直接用;涂膜层作黏结层,亦可在涂膜固化干燥后进行。

④墙板垂直、水平、十字缝防水材料损坏,应凿除接缝处松动、脱落、老化的嵌缝材料,清理并冲水刷洗。待基层干燥后,用与原嵌缝材料相同或相容的密封材料补填嵌缝,应做到厚薄均匀一致,粘贴牢固,新旧接槎平直,无空、漏。

⑤墙板板面渗漏,板面风化、起酥部分应剔除,冲水清理干净,用聚合物水泥砂浆分层抹补,压实收光,表面应采用无色或与原墙面相似色防水剂喷涂两遍。板面蜂窝、孔洞周围松动的混凝土应剔除,清理干净,冲水湿透,灌注 C20 细石混凝土,用钢钎插入捣实养护,待干硬后用 1:2 水泥砂浆压实找平。

⑥上、下墙板连接处,楼板与墙板连接处坐浆灰不密实、风化、酥松引起的渗漏,宜采用内堵水维修,应剔除松散坐浆灰,清理干净,浇水湿透。防水砂浆分次嵌缝压平,空隙部位较深、人工操作困难时宜采用压力灌浆,灰浆应密实、填满空隙,最后应用密封材料分两次嵌缝。

2) 现浇混凝土墙体渗漏维修

①现浇混凝土墙体施工缝渗漏,可采用在外墙面喷涂无色透明或与墙面相似色防水剂或防水涂料,厚度不应小于 1 mm。

②现浇混凝土墙体外挂模板穿墙套管孔渗漏,宜采用外墙外侧的维修方法,如图 4.20 所示。亦可采用外墙内侧的维修方法,如图 4.21 所示。维修时,原孔洞中嵌填的砂浆及浮灰、杂物等应清除干净,重新嵌填的密封材料与孔壁应粘牢封严。外墙内侧维修应在混凝土内墙面上涂刷防水涂料,涂刷直径应比套管孔大 400 mm,涂膜厚度不应小于 2 mm。

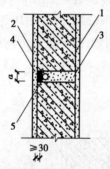

图 4.20 外挂模板穿墙套管孔
渗漏外墙外侧维修
1—现浇混凝土;2—外墙面;
3—外挂模板穿墙套管孔内用
C20 细石混凝土嵌填密实;
4—密封材料;5—背衬材料;
a—外挂模板穿墙套管孔径

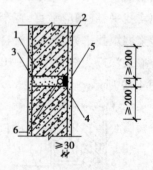

图 4.21 外挂模板穿墙套管孔
渗漏外墙内侧维修
1—现浇混凝土;2—内墙面;
3—外挂模板穿墙套管孔内用
C20 细石混凝土嵌填密实;
4—密封材料;5—合成高分子防水涂膜;
6—背衬材料;a—外挂模板穿墙套管孔径

实训课题　外墙穿墙管道防水施工

1) 材料

UPVCφ50×2.4、UPVCφ25×2、聚合物水泥防水砂浆、建筑密封胶、止水圈、PVC 专用胶水、中砂、实心黏土砖、水泥等。

2) 工具

手推车、胶皮管、筛子、铁锹、半截灰桶、小水桶、托线板、线坠、水平尺、小线、大铲、钢卷尺、2 m 靠尺、笤帚、钢锯等。

3) 实训内容

砌筑长 1.0 m、高 1.0 m、厚 240 mm 的砖墙,将穿墙套管安装在约 0.9 m 高的位置,再将管道穿于其中,密封。

4) 实训要求

①砖墙施工同砌体施工实训,此处略。

②套管埋设应内高外低,坡度不应小于 5%,套管周边应作防水密封处理,见图 4.5。套管内侧与墙齐平,外侧超出墙面 20 mm,安装牢固。施工时,先在套管外壁上套上直径略小的止水圈,然后在管外壁满涂一遍 PVC 专用胶水,再滚上一层中砂,待砖墙砌至管下口50 mm 处时铺 50 mm 厚防水砂浆、安装套管,确保套管四周均有 50 mm 厚的防水砂浆包裹。

③聚合物水泥砂浆封堵,干燥后在外部用建筑密封胶密封。

5) 考核与评价

外墙穿墙管道防水施工实训项目成绩评定采用自评、互评和教师评价三结合的方法。对外墙穿墙管道防水工程作品进行质检、评价、确定成绩,学生成绩评定项目、分数、评定标准见表 4.7,将学生的得分填入成绩评定表中。

表 4.7　外墙穿墙管道防水施工成绩评定表

序号	项　目	分项内容	满分	评定标准	得分
1	套管埋设坡度	过程和操作质量	15	套管埋设应内高外低,坡度不应小于 5%	
2	套管内外超出	过程和操作质量	10	套管内侧与墙齐平,外侧超出墙面 20 mm	

续表

序号	项　目	分项内容	满分	评定标准	得分
3	套管牢固	过程和操作质量	15	套管外壁上套上直径略小的止水圈,然后在管外壁满涂一遍 PVC 专用胶水,再滚上一层中砂,待砖墙砌至管下口 50 mm 处时铺 50 mm 厚防水砂浆、安装套管、安装牢固	
4	套管外侧砂浆厚度	过程和操作质量	15	套管四周均有 50 mm 厚的防水砂浆包裹	
5	聚合物水泥砂浆封堵	过程和操作质量	10	聚合物水泥砂浆封堵要密实、无空洞,外部管道周围留凹槽	
6	外侧密封胶	过程和操作质量	10	封堵砂浆干燥后,在外部管道周围的凹槽处用硅酮密封胶密封	
7	安全文明施工	安全生产	10	按本项目相关内容执行	
8	团队协作能力	过程	7	小组成员配合操作	
9	劳动纪律	过程	8	不迟到、不旷课、不做与实训无关的事情	

项目小结

　　本项目包括外墙墙身防水施工、外墙饰面防水施工和墙体渗漏维修施工 3 个子项目,具体介绍了外墙墙身和外墙饰面防水构造、使用材料与施工机具等基本知识,重点讲解了外墙墙身和外墙饰面防水工程施工过程(包含从施工计划、施工准备、施工工艺、安全管理、质量检查验收及环保要求)。通过本项目的学习,使学生具有对进场材料进行质量检验的能力,具有编制外墙防水工程施工方案的能力,具有组织外墙防水工程施工的能力,能够按照国家现行规范对外墙防水工程进行施工质量控制与验收,能够组织安全施工。通过分小组完成实训任务,可以培养学生的责任心、团队协作能力、开拓精神和创新意识等,增强其政治素质,提升其职业道德。

参考文献

[1] 杨杨.防水工程施工[M].北京:中国建筑工业出版社,2010.

[2] 陈安生.防水工程施工[M].北京:化学工业出版社,2011.

[3] 张忠,刘峰.防水工程施工[M].武汉:武汉理工大学出版社,2012.

[4] 魏应乐,徐猛勇.建筑工程施工[M].北京:中国水利水电出版社,2009.

[5] 刘广文.屋面与防水工程施工[M].北京:北京理工大学出版社,2013.

[6] 姚谨英.建筑施工技术[M].北京:中国建筑工业出版社,2017.